北京高等学校青年英才计划
项目 YETP1442

快题设计备考指导

风景园林快题设计（第二版）

Landscape Architecture Sketch Design

杨鑫　彭历　刘媛 ■ 编著

化学工业出版社
·北京·

图书在版编目（CIP）数据

风景园林快题设计 / 杨鑫 , 彭历 , 刘媛编著 . -- 2
版 . -- 北京 : 化学工业出版社 , 2014.9
（快题设计备考指导）
ISBN 978-7-122-21467-6

Ⅰ . ①风… Ⅱ . ①杨… ②彭… ③刘… Ⅲ . ①园林设
计-高等学校-教学参考资料 Ⅳ . ① TU986.2

中国版本图书馆 CIP 数据核字 (2014) 第 170932 号

责任编辑：林俐　王斌　　　　　　　　　　　　　　　　　　　装帧设计：沙鸥设计

出版发行：化学工业出版社（北京市东城区青年湖南街 13 号　邮政编码 100011）
印　　装：北京瑞禾彩色印刷有限公司
710mm×1000mm　　1/12　　印张 14　　字数　300 千字　　2014 年 9 月北京第 2 版第 1 次印刷

购书咨询：010-64518888（传真：010-64519686）　　售后服务：010-64518899
网　　址：http://www.cip.com.cn
凡购买本书，如有缺损质量问题，本社销售中心负责调换。

定　　价：49.00 元　　　　　　　　　　　　　　　　　　　　　版权所有　违者必究

第二版前言 ◼

　　《风景园林快题设计》第一版于2012年出版发行，在两年多的时间里，受到了读者们的广泛好评。本书第二版的内容在第一版的基础上增添了有价值的内容，并提高了图片的质量。主要针对第七章的内容做了修改和增补。第一，更新了"快题实例设计过程剖析"小节的一个案例，增加剖析深度，为读者展示更清晰的快题训练过程。第二，"重点高校硕士研究生入学考试真题及实例分析"小节增加了近两年的代表性考研真题，并更新了部分案例分析的作品，以提高本书的实效性。此外，本书第二版提升了图纸的绘图质量，更新了部分图片，以期增强本书的专业性与可读性。

　　参与本书第二版编写的人员延续了第一版的编写团队，并有所增加。在此感谢北方工业大学建筑工程学院风景园林专业的老师和同学们，以及中国城市建设研究院、北京农学院的同仁们，特别是安平、崔柳、李莎、盛俐、孙薇薇、吴正旺、张瑞、段研、曹心童、杜静涵、武少雄、杨灏、毕嘉思、陈莹宝在书稿的写作过程中，付出大量的劳动，在此一并感谢。

　　欢迎广大读者为本书的不足之处提出宝贵的意见和建议。

编著者

2014 年 8 月于北京

第一版前言

2011 年 3 月 8 日，国务院学位委员会与教育部在印发的《学位授予和人才培养学科目录（2011 年）》文件中将风景园林学、建筑学以及城乡规划学并列为一级学科，此举将是风景园林学科建设的重大进步。"风景园林学"正式成为 110 个一级学科之一，列在工学门类，学科编号为 0834，可授工学、农学学位。我国风景园林学科成立于 1951 年，起步虽晚，但发展迅速。目前我国已有 184 所高校设立了风景园林专业，并且以每年 10% 至 15% 的速度递增。据不完全统计，目前全国风景园林学科的本科生在校人数约 3.5 万人。此外，根据中国风景园林学会的不完全统计，目前全国风景园林行业从业人员约 500 万人。这些数据表明风景园林事业的快速发展极大地激发了对专业人才的需求。

风景园林学作为人居环境科学的三大支柱之一，是一门建立在广泛的自然科学和人文艺术学科基础上的应用型学科，其核心是协调人与自然的关系，其特点是综合性极强，涉及建筑学、城市规划学、环境科学、工程学、植物学、艺术学、社会学、地学等多元学科的交融。当前，风景园林学科在城市园林绿化、风景名胜区、水利风景区、休闲娱乐游憩地、湿地保护区、自然保护区以及城乡绿地系统规划、大地生态基础设施规划和建设等领域均起到主导或重要的支撑作用，从业范围涉及住房和城乡建设部、国家林业局、国土资源部、水利部、农业部、交通部、铁道部、环境保护部、国家旅游局、文化部等多个国家职能部门以及其他机构和产业，大中小城市普遍设置相关的园林绿化管理部门。

面对风景园林学科以及整个行业的蓬勃发展，对于专业人员的要求也日益提高。当前风景园林快题设计已经成为许多高校风景园林专业研究生入学考试的必考科目，而众多设计单位也将快题设计作为人员招聘的主要考查方式。因此具备一定的快题设计能力已经成为升学和求职过程中不可或缺的重要技能，与此同时，快题设计也成为衡量设计师设计能力的重要标准之一。

对于即将参加入学考试和求职考试的多数读者而言，想较快提高快题设计的水平，就必须借鉴他人的经验和技巧，这样才能少走弯路。鉴于此种情况，本书根据目前风景园林专业研究生入学专业测试的相关要求，结合高校风景园林专业表现教学的相关基础课程以及设计理论与实践课程，全面考虑应试者与求职者的实际需要，将有关考试和实际项目的风景园林快题设计方法整理成册，既是抛砖引玉，也期望能为心怀憧憬的年青学子提供一些切实有效的帮助。

编著者

2012 年 4 月于北京

目录 ■

第 1 章 概述

1.1 风景园林快题设计的内容 002
1.1.1 风景园林快题设计的概念 002
1.1.2 风景园林快题设计的作用 002
1.2 风景园林快题设计的特点 003
1.2.1 风景园林快题设计 003
1.2.2 风景园林快题设计考试 004
1.2.3 风景园林快题设计评判 004
1.3 风景园林快题设计的类型 006
1.3.1 高校升学 006
1.3.2 单位招聘 007
1.4 风景园林快题设计的建议 007
1.4.1 注重基础，掌握特点 007
1.4.2 广泛浏览，重点研究 008
1.4.3 徒手训练，强化表达 008

第 2 章 风景园林快题设计表现技法

2.1 材料与工具 010
2.1.1 图纸 010
2.1.2 笔 012
2.1.3 尺规、图板与其他制图工具 013
2.2 线条表现 014
2.2.1 工具线条表现 015
2.2.2 徒手线条表现 015
2.3 彩铅表现 018
2.3.1 表现形式 018
2.3.2 步骤与要点 018
2.3.3 习作分析 020
2.4 马克笔表现 021
2.4.1 表现内容 021
2.4.2 步骤与要点 022

2.5 其他表现 025
2.5.1 淡彩表现 025
2.5.2 综合技法表现 025

第 3 章 设计元素拆分训练

3.1 地形设计 028
3.1.1 地形设计的原则 028
3.1.2 地形表现的要点 029
3.2 入口设计 033
3.2.1 有明显标志设计的入口 033
3.2.2 规则式入口 033
3.2.3 不规则式入口 034
3.2.4 居住区绿地入口 035
3.3 中心场地设计 035
3.3.1 设计要点 035
3.3.2 广场表现分类 037
3.4 道路设计 039
3.4.1 园林道路类型 039
3.4.2 道路设计原则 041
3.4.3 道路表现要点 042
3.5 植物设计 043
3.5.1 植物平、立面的线条练习 043
3.5.2 马克笔、彩铅植物画法练习 045
3.5.3 植物种植形式练习 047
3.6 水体及山石的表达 050
3.6.1 水面的表现 050
3.6.2 山石的表现 052
3.6.3 综合表现 053
3.7 景观小品表达 053
3.7.1 个体景观小品的表现 054
3.7.2 综合表现 055

第 4 章　风景园林快题设计图纸内容
4.1　图纸内涵...057
4.2　图纸分说——分析图...........................057
4.3　图纸分说——总平面图.......................060
  4.3.1　场地边界与周边...........................060
  4.3.2　场地道路.......................................061
  4.3.3　场地竖向.......................................062
  4.3.4　场地植物.......................................063
  4.3.5　其他...063
4.4　图纸分说——剖面图、立面图...........066
4.5　图纸分说——效果图...........................067
4.6　图纸分说——文字说明.......................068
4.7　图纸分说——图面排版与设计...........069
4.8　各项图纸间的内容联控.......................070

第 5 章　风景园林快题设计方案推演步骤
5.1　任务书内容解读及场地分析...............072
  5.1.1　区位条件.......................................072
  5.1.2　自然条件.......................................072
  5.1.3　场地条件.......................................072
  5.1.4　人文条件.......................................073
  5.1.5　设计要求.......................................074
5.2　设计灵感的挖掘...................................074
5.3　概念性草图的绘制...............................076
5.4　正式图的创意表达...............................077

第 6 章　风景园林快题设计类型介绍
6.1　小游园...080
  6.1.1　小游园规划设计要点...................080
  6.1.2　小游园的规划布局.......................080
  6.1.3　小游园的单项设计.......................080
  6.1.4　实例分析.......................................081
6.2　城市广场...082
  6.2.1　城市广场的分类...........................082
  6.2.2　城市广场的主题构思...................083
  6.2.3　城市广场的功能分区...................083
  6.2.4　城市广场的尺度把握...................084
  6.2.5　城市广场的单项设计...................084
6.3　城市公园...085
  6.3.1　城市公园的类型...........................085
  6.3.2　城市公园的规划原则...................087

6.3.3　城市公园的快题设计方法...........089
6.3.4　城市公园快题的控制方法...........092
6.3.5　城市公园常用规范与指标...........096
6.4　居住区绿地...098
  6.4.1　居住区规划的基本概念和重要指标...099
  6.4.2　居住区绿地设计原则...................100
  6.4.3　居住区绿地的设计构思...............100
  6.4.4　居住区绿地设计的限制因素.......101
  6.4.5　居住区绿地设计要点...................101
6.5　小型建筑设计.......................................104
  6.5.1　小型建筑快题设计考察目的.......104
  6.5.2　小型建筑的设计原则...................105
  6.5.3　小型建筑快题设计方案训练.......106
  6.5.4　小型建筑快题设计表达建议.......110
  6.5.5　小型建筑的常用规范与指标.......111
6.6　城市滨水区...113
  6.6.1　城市滨水区的分类.......................113
  6.6.2　城市滨水区的设计原则...............114
  6.6.3　城市滨水区的设计程序...............115
  6.6.4　城市滨水区的亲水设计...............117
  6.6.5　城市滨水区的细部设计...............119
6.7　城市商业区...120
  6.7.1　城市商业区分类...........................120
  6.7.2　营造商业氛围——主要出入口设计...121
  6.7.3　商业结合休闲——开放景观设计...122
  6.7.4　设计结合气候——舒适的商业环境...122

第 7 章　风景园林快题设计实例分析
7.1　快题案例设计过程剖析.......................125
  7.1.1　城市滨水绿地设计.......................125
  7.1.2　校园规划与设计...........................132
7.2　重点高校硕士研究生入学考试真题及实例分析...143
  7.2.1　试卷一...143
  7.2.2　试卷二...148
  7.2.3　试卷三...150
  7.2.4　试卷四...152
  7.2.5　试卷五...154
  7.2.6　试卷六...157
  7.2.7　试卷七...160

1

第 1 章　概述

风景园林快题设计的内容

风景园林快题设计的特点

风景园林快题设计的类型

风景园林快题设计的建议

1.1　风景园林快题设计的内容

1.1.1　风景园林快题设计的概念

风景园林学是研究人类居住的户外空间环境、协调人和自然之间关系的一门复合型学科，研究内容涉及户外自然和人工境域，是综合考虑气候、地形、水系、植物、场地容积、视景、交通、构筑物和居所等因素在内的景观区域的规划、设计、建设、保护和管理[1]。

快题设计是遴选设计人才的重要考查手段，能够快速检验设计者的分析、归纳和表达能力。快题设计同时也是设计者推敲、比选和深化设计构思的有力工具。此外，简明而直观的构思图解和快速表现还是设计者与业主或其合作伙伴之间进行沟通的有效手段[2]。

风景园林快题设计是风景园林设计的一种特殊形式，它具有风景园林设计最基本的特征，就属性而言快题设计可以认为是方案设计的初级阶段。但其创作思维习惯、表达方式方法与一般方案设计有明显的不同之处。快题设计已经成为设计专业进行人才选拔的常见考试科目，也是一种提高设计水平的有效训练方法，因此快题设计的学习与训练对本专业人员具有极其重要的意义。

1.1.2　风景园林快题设计的作用

（1）多快好省的工作方式

在现实的设计任务中，苛刻的时间要求通常是设计师要面对的首要问题，这种情况主要是受社会大环境影响所致。当前我国社会经济飞速发展，工程建设量极为庞大，即使许多规模巨大的工程项目也要求在很短的时间内完成设计。设计师与委托方关于设计期限的争论一直是业内的常见现象，虽然委托方深知充裕的设计周期是保障方案合理完善的重要前提，但"务必尽快"仍然是其第一需要。面对这样的现实情况，设计师如果无力改变，那唯有在有限的时间内提高工作效率，尽可能高效优质地完成设计任务。总之，方案的优劣更多依靠设计师的专业素养和设计效率，而快题设计便是一种多快好省的工作方式。

（2）高效便捷的交流媒介

方案设计在不受其他因素影响时，思考过程实际上是自动、敏捷、冲动的。创造性的、动态的思维依靠概念性和感性的相互融合，设计师必须在概念性和感性思维之间运行自如，贮备多样的图解手段来综合方案，而快题设计中的草图等阶段性的成果将有助于设计师进行自我审视和他人交流，这些草图反映了设计师大量的艰苦探索和尚未取得全面解决的心境。可以说，"敏思速达，想到画出"是设计师必备的基本功，快题设计不拘条件，可在设计初始做到"手到擒来"，迅速把握创意思维的火花，在概念设计时最见成效[3]。因此经常进行快题设计的训练将潜移默化地促进设计师审美素养和设计手法的全面提高。此外，如果设计师善于采用快题设计的方法来完成

---

[1]　国务院学位办，《风景园林学一级学科设置说明》，2011

[2]　于一凡，周俭编著，城市规划快题设计方法与表现，北京：机械工业出版社，2009

[3]　黄为隽编著，建筑设计草图与手法：立意·省审·表现，天津：天津大学出版社，2006

设计任务，便可以在原有基础上更多地与委托方或同事进行交流，并根据反馈的意见和建议及时改进方案，这样不仅加强沟通效果，还能活跃设计师思维，为方案深化预留更加充裕的时间。

（3）行之有效的训练手段

在高校设计教学过程中，教师除采用常规方法来检查学生的设计进度外，还会采用快题设计的方式来考查学生对已掌握知识的综合运用能力以及创作思维能力，虽然多数学生在初次尝试快题设计时，会遇到无所适从、思维混乱、知识贫乏、表达能力欠缺等诸多问题，然而这正是发现自身不足的有效途径，可以此来查漏补缺，加强薄弱环节的学习。在快题设计训练过程中，学生们将在规定的时间内完成具有一定挑战性的设计任务，这有利于他们充分发挥主观能动性和创造力，激发出设计灵感和思维潜能，并且能够深刻地感受作为设计师应具有的专业素养和应变能力，快题设计的训练将对他们今后的学习和工作大有裨益。此外，对于从业的设计师而言，快题设计不仅是一种必须掌握的工作方法，也是业务能力进步的阶梯。进行快题设计时，设计师会尽可能少地查阅资料，以保持思维的连贯性。快题设计的核心是快速地解决主要矛盾，而非紧盯细枝末节，设计师通过快题设计的长期训练将会培养统揽全局、果敢干练的工作作风，同时也有助于形成自身方案的风格特色。

（4）专业考核的常用形式

风景园林快题设计考试是一种有效的考查形式，无论是注册景观建筑师、研究生入学考试或职业招聘都离不开这种考查方式。通常快题考试的形式高效便捷，可以在短时间内检验出应试者的专业基本功和设计能力，并且能够较为真实和客观地反映应试者的专业素养差异。当前，在风景园林专业的研究生入学考试中多数设有快题考试科目，而众多设计单位也采用这种方式作为人员招聘依据，因此，快题设计能力已成为升学和求职过程中不可或缺的一项重要技能。

1.2 风景园林快题设计的特点

1.2.1 风景园林快题设计

风景园林快题设计注重基本功的训练和创新能力的培养，风景园林设计有其特殊的训练模式，了解和掌握园林规范、制图规范非常重要。此外，风景园林快题设计要求设计者知识广博、思维活跃、决策果断并且擅长草图表达。

常规意义上的风景园林设计工作需要合理的设计周期，快题设计的应用通常是设计者为捕捉设计灵感而进行的即兴创作，因而不求精确与细腻。与任何一项设计工作一样，构思过程中绘制草图的意义在于通过眼睛将纸面的图形信息传达到大脑，经过思考再返回纸面的循环过程，蕴藏着丰富的变化和启示，这是计算机无法替代的。此外，作为沟通手段的风景园林快题设计表达，强调简单易懂、重点突出，与设计阶段或某个具体问题直接相关。被用作辅助说明的图形语言，强调功能关系和空间效果的描述。

无论出于何种需要，风景园林快题设计都要求设计者具备系统的风景园林规划设计的基本常识和敏锐的图解思考能力。其中，以"应试"为目的的风景园林快题设计，要求应试者在掌握常规风景园林规划设计工作方法的基础上，能够迅速、独立、准确地完成相对完善的设计成果，这对于应试者而言具有很强的挑战性。

1.2.2 风景园林快题设计考试

（1）时间紧迫，任务繁重

快题考试通常会将时间限定在 3 ~ 6 小时之间，其中包括在考场内自行用餐的时间。对于应试者而言考场气氛紧张，考生将要面对一个全新的任务并要在规定时间内完成，这对于考生的心智和体能都是巨大的挑战。

快题考试需要提交综合而规范的整套成果，成果通常包括总平面图、主要立面图、主要剖面图、主景透视图、全景鸟瞰图、重要节点详图、各类分析图以及文字说明等内容。此外，图纸作为应试者提交的唯一成果，除图中各类成果需完整齐备外，图纸排版还要新颖、均衡和美观；图文表达的内容与格式也应规范化，还要具有很强的说服力与吸引力，唯有这样才能在考试中取得理想的成绩。由此可见，快题设计考试是对应试者的设计能力和综合素养的全面考查。

（2）灵活应变，独立完成

快题考试与其他正规考试的相同之处在于，应试者不能携带任何与考试相关的资料进入考场，考试过程中也不允许与其他人进行探讨。但设计考试与其他考试又存在明显区别，即单纯依赖于考前突击或死记硬背不能适应灵活多样的考试命题以及手绘表达的需要，应试者的发挥要依靠日常的知识积累和临场的应变能力。

许多应试者在日常作业和训练中习惯于借助查阅大量专业资料以完成设计任务，然而在考试过程中却只能依据自身的知识储备，通过积极思考和发挥主观能动性，创造性的完成考试命题。此外，某些应试者针对考试会事先准备一两套"万能"方案加以强化训练，并希望在考试中能够达到以不变应万变的目的。但在正式的考试中，试题灵活多样且综合性强，设计方案需要针对试题的具体要求，即主题、性质、类别以及相关环境等综合因素进行具体创作，例如处于不同地域与气候环境下的方案将会存在很大差异，如果不能因地制宜，量身打造，很可能会导致设计方案与考题要求大相径庭。显然，单纯依靠突击背题的方式存在很大风险，并且很难在考试中取得理想的成绩，更不可能有效地提高快题设计的能力。

（3）工具自备，合理高效

由于快题考试内容与表达形式灵活多样，通常情况下，考试单位除提供必要的场地与绘图纸张外，会要求应试者自备绘图工具，应试者应该携带自己最为熟悉和顺手的绘图工具。此外，考试过程中会受到考场空间、时间以及人为因素的影响，因此工具的组合与摆放要合理，不仅可以提高使用效率，也可避免因情绪烦躁而产生负面影响。

1.2.3 风景园林快题设计评判

快题考试与平时课程设计区别较大。通常平时的课程设计作业时间很充裕，有一至两个月甚至更长时间，可以收集相关设计资料、参考案例；可以对场地现状、设计条件进行充分的调查研究与分析比较；有教师多次的辅导，为设计把握方向；有足够的时间进行不同方案比较、反复推敲、逐步优化，进而从容地完成设计成果。作为考试的快题设计，只有短短几小时，只凭对一份试题的理解，独立快速地进行分析、构思、判断、决策，完成设计成果，不能反复修改。这对于平日较多依赖老师指导和资料辅导，并且独立思考和设计能力较弱的学生，就会明显暴露他们设计能力不足的真实情况。因此，在快题设计考试中要想取得理想的成绩，应注意以下两点。

（1）方案设计

设计考试的结果没有定论，在平时的方案练习中，认真思考和反复推敲将非常有利于方案的完善，而思维的活跃也有利于设计思路的转换，但在紧张的考试氛围中，不仅时间紧迫，任务繁重，而且精神处于高度紧张的状态，应试者不可能花费太长的时间对方案进行细致思考，更不允许对设计思路进行反复比较，应尽快决策并着手制作，方能在规定的时间内按照考试要求完成相关的内容。方案新颖是设计考试的亮点，即常说的读题准确到位、破题创造新意。但这并不意味着应试者要追求方案的标新立异，由于新奇的方案会花费应试者更多的时间进行考虑和定夺，并且对设计结果的掌控也无十足把握。因此对于多数应试者而言，建议选用明智的做法，以自己最为擅长的方式完成方案，从而保证方案的稳妥性、避免风险。总之，风景园林快题设计考试重在考察应试者的专业基本素养，而应试者的根本目的是在考试中取得优异成绩，并非以新奇方案来打动业主而使方案中标。此外，设计科目的考试评分标准既有客观性，也存在评阅者自身喜好的主观因素。因此，稳妥的设计方案比标新立异的设计方案在考试中更易于得到大家的认可。方案的稳妥性主要包括合理的总体布局、完备的功能设置、丰富的造景手法、清晰而美观的图纸表达。

事实上，快题考试的阅卷时间非常短暂，通常在一天或几天内完成。首先，阅卷人会将各类考卷进行初步分类，按优、中、劣的等级大致区分开；在此基础上，再对处于不同档次的试卷依据具体评定标准（如平面图 30 分、立面图 15 分、剖面图 10 分、分析图 10 分、透视图 20 分、文字说明与版式排布 15 分）进行精确评分。设计类考试不同于其他理论考试，虽然有相应的评分标准，但没有明确的参考答案，除专业基本常识存在明确的正误外，设计方案只存在优劣之分，但绝无对错之别，快题设计的评判同样也遵循着这个标准，因此经验丰富的阅卷人更多依据自己的专业知识和教学经验对试卷进行品评，期间还会参照试卷的整体状况进行权衡并最终评定成绩。

（2）试卷表达

快题设计的图纸内容与必要的文字说明是考试中评判的全部依据，要使试卷引人注目，应该满足以下几方面的要求。

① 图纸符合要求、成果表达完整。在最终提交的试卷中，一定不能缺失考题任务书中要求完成的相关内容，即使拥有非常新奇的设计构思，如果没有完成要求的设计内容（即评分点），那也将严重影响成绩。

② 设计遵循规范、避免明显错误。标注、尺度应无明显错误，指北针和比例尺应准确，在不清楚当地气候状况时，避免使用风玫瑰；设计上，应避免出现场地出入口设置位置不当、交通流线出现人车交错、开场空间尺度设置不当、建筑物朝向明显错误、植物配置与环境限制条件不符以及无竖向设计考虑造成排水困难等问题。

③ 表现风格鲜明、凸显设计亮点。试卷表达要有明确目的，要将方案的总平面图和透视图进行深入刻画，并放置在醒目位置以凸显亮点。同时新颖的设计理念、合理的功能布局以及均衡的整体构图缺一不可。

④ 刻画细致深入、整体效果突出。方案构思、设计表达要通过图纸的整体版式加以呈现，精心的排版和构图将会给阅卷人良好的印象。此外，文中的标题、设计说明等文字内容也是构图的重要组成部分，图文并茂，搭配合理，色调统一，这些都将影响图面整体效果，因此需要应试者引起足够重视，并加强日常训练，方能在考试中取得理想的成绩。

1.3 风景园林快题设计的类型

1.3.1 高校升学

目前风景园林专业相关的各类院校在研究生入学考试中通常会设置快题考试，其类型主要包括风景园林规划设计和园林建筑设计两个科目，风景园林规划设计是必考科目。

历年来，风景园林规划设计科目的考试时间主要为 3 小时和 6 小时两类。2003 年国家针对研究生入学考试进行了改革，初试设置为 4 个科目，风景园林专业的考试通常包括文化基础课（英语、政治）和专业课（设计、理论），例如天津大学在初试中设置 6 小时的景观规划设计和 3 小时的景观建筑综合理论考试，在复试中还设有 3 小时的景观规划设计考试。北京林业大学风景园林专业初试内容为园林设计和园林建筑设计（表 1-1），南京林业大学初试为园林综合理论和园林设计初步。而某些院校则将设计科目的考试放在复试阶段，例如北京大学和同济大学就在复试阶段进行设计科目的考查。2009 年起某些院校对专业课的考查进行了再次调整，例如南京林业大学的设计科目时间改为 6 小时，同济大学的景观规划与设计从复试阶段改在初试中进行，时间仍为 3 小时。

表 1-1 北京林业大学风景园林专业硕士入学考试试题

时间	园林设计	园林建筑设计
2009	滨河公园改造	书画创作中心
2007	印象·空间·体验——展览花园设计	游客服务中心设计
2006	湖滨公园核心区规划设计	植物标本陈列馆
2005	校园规划与设计	风景区小型景观建筑设计
2004	江南某城市水景公园设计	以库克住宅为起点

风景园林规划设计考试中常见的命题类型主要包括公园（如居住区公园、居住区小游园、带状公园、专类公园等）、广场（如文化广场、纪念广场、行政广场、校园广场等）、居住区绿地、街头绿地、庭院、主题性场地等。通常以中小尺度规模的新建、扩建、改建或修复内容为题，设计深度多以概念性方案为主，少数会涉及修建性详细规划。场地形式多为应试者在现实生活中能够接触到的实例，而某些专类主题（如植物园、动物园、游乐园）的类型几乎不会出现。此外，规模较大的规划任务如综合性公园、旅游度假区、城市河道系统等总体规划，通常需要进行广泛的前期调研，并结合收集的大量基础资料方能进行设计，而且这类规划设计的尺度较大，周期较长，涉及学科门类复杂，应试者很难在考试限定的 3 至 6 小时内，对场地的功能和形态进行具体设计，因此这类考题一般不会作为硕士研究生入学考试的考试内容。

应试者应如何采取行之有效的方式进行准备呢？首先要通过多方渠道收集所要报考院校的历年真题，通过对真题的细致分析，了解并掌握该院校试题的要求和变化趋势，并从命题的类别形式、规模大小和复杂程度推测该院校所要考查应试者的基本要求，从而进行针对性的强化训练。此外，在分析原有真题的基础上，要触类旁通，举一反三，尽量熟悉各种常见场地类型的设计思路及要点，选择较为完整的时间段，依据各类命题的功能特征、基地环境等要素对有代表性的场地类型进行系统训练，并在实践中总结出适合自身的经验。另外，还要关注社会发展趋势、政策导向以及行业热点，做到与时俱进，不断扩充自身的专业知识，这样才能在考试中真正做到以不变应万变。

1.3.2 单位招聘

设计单位招聘考试与研究生入学考试类似，但时间限定略有不同，通常为 3 ~ 4 小时。设计单位更加关注应聘者掌握行业规范和技术标准的情况，因为设计单位的生产性特点决定工作内容需要多专业的协同合作，因此需要应试者能够熟练掌握本专业相关的技术规范，例如建筑密度、容积率、绿地率、建筑红线、日照间距、限高、停车布置、防火间距、消防通道等内容。而某些大型设计单位在招聘考试中会采用相同的项目条件来考核建筑设计、城市规划和风景园林专业的不同应聘者，这非常有利于检验出应聘者掌握专业知识是否综合全面，只是评判标准会各有侧重，对于这种题目风景园林专业的应试者只要尽力展示自身景观专业方面的能力即可，当然也要尽可能避免出现建筑和城市规划方面的明显错误，而这需要应聘者在平时学习一些其他相关专业的知识。

地产公司招聘中，招聘方更注重应聘者在现场监督与工作协调等方面的能力，这就要求应聘者除具备相应的设计能力外，还应能够突出自身特长，例如能够详细说明一些具体施工方法（如放线、移栽、换土等）和操作流程则效果更佳，这样不仅可以体现自身对设计的深度理解，还能够体现出理论和实践相结合的应用能力。此外，在图面表达上，应聘者可以结合充分的文字说明对设计内容进行补充，这样也可从多角度展示自身的专长和潜力。值得注意的是，通常地产公司在招聘过程中会让应聘者对方案构思以及实施方法进行口头陈述，这是考察设计人员综合素养的一种重要方式，因此应聘者还应该在平时加强口头表达和应变能力的训练。

此外，某些单位在招聘时，会要求应试者对某个真实现场进行简短考察后，立刻进行快题设计。就工作方法而言，此种方式更为合理，但对那些习惯了阅读抽象文字和看任务书中的平面图来进行设计的应试者而言，反而会感到无所适从。面对这样的考试，建议应试者要稳定心态，按照自己最熟悉的方式，根据平面图进行构思设计，并在此基础上结合现场勘查的情况，选择现场最有利或有明显缺陷的因素加以利用或改进，以展现自身对现场特质的解读能力，从而在众多应聘者中脱颖而出。

1.4 风景园林快题设计的建议

1.4.1 注重基础，掌握特点

做好快题设计，首先要系统地学习风景园林规划设计的基本理论和相关规范，同时要掌握一些建筑、规划、交通、工程、经济等其他相关专业的基础知识，并且还要熟悉不同类型的规划设计特点，有侧重地记忆常用设计参数，这样有利于应试者或设计师在快题设计过程中高效地完成设计。此外，还要不断学习科学而系统的分析方法，并注重提高解决实际问题的能力，在快题设计过程中能够理论联系实际，较为成熟地完成设计方案，而不仅仅是纸上谈兵。由于设计是一门技能，要想很好地掌握它，除要勤学苦练外，还应注重与他人的沟通和交流，以取长补短，学生要勇于向老师求教，在老师的帮助下可以取得更大的进步。

1.4.2 广泛浏览，重点研究

方案的多样性取决于设计思路的多元化，而多元化的设计思路不仅依赖于发散思维，而且更多地取决于平日对设计资料的广泛浏览和现场的实际调研时所进行的知识储备，例如常见的风景园林布局手法，水体构成形态、植物种植形式、园林建筑的典型组合模式等内容，设计师要习惯于在草图本上进行记录和优化设计，同时将这些组合谙熟于心，逐渐形成自身特有的设计语汇，在设计过程中信手拈来，灵活运用。

还要注意对既往成功案例进行重点研究，通过对这些案例的深入分析，学会如何抓住主要矛盾，如何以有效的草图表达来活跃思维，进而稳步推进方案的进展。此外，应试者也可以收集一些考试真题的任务书，或针对平时发现的设计问题，进行概念性草图练习，争取在短时间内形成空间的总体框架或者问题的解决方案。这种练习不必太深入，只需针对性的训练方案构思的能力，培养快速反应的状态；但也不能只停留在功能气泡图的阶段，必须要明确大的空间结构、景观意向、交通流线，能够基本上解决关键问题。

1.4.3 徒手训练，强化表达

快题设计中图纸表达与设计能力相辅相成，要强化徒手表达能力的训练，加强图形综合表达能力与输出能力。关于表达应注意以下几点。

（1）准确性

准确的形象（包括准确的尺度与比例）、准确的光影关系、准确的透视对于快题设计的表达至关重要。在日常训练中要准确把握不同阶段的侧重点。初始阶段，要把握概念性或布局上的准确；深化阶段，应保证总体形象的比例与尺度基本准确；终结阶段，应从整体到局部将设计意图全面、清晰地展现出来，并以尺度适中的配景体现出设计环境的特征。

（2）生动性

做到生动而有效的图面表达，才能突出快题设计的性格特征和鲜明的主题，包括对设计形象刻画的设计构思和对图面表达的操作技法都应具有生动性。前者不但需要思路敏捷，而且需要心中记录多种灵活多变的处理手法；后者要求娴熟的绘画技法。

（3）概括性

设计过程中，往往会思绪万千，新异的构思常常接连产生。在快题考试或实际方案设计中，如果对所有想法不加取舍、不分主次、一律对待，不仅影响速度，而且也难以达到良好的最终效果。因此，在日常的训练中就要注意图面表达的概括性练习。

良好的设计修养和成熟的表达习惯很难在短期内一蹴而就，这需要应试者在掌握科学有效的训练方法的前提下，进行长期的锻炼和积累。此外，风景园林快题考试中的约束条件和设定目标虽然相对简化，但仍需要应试者具备建筑学、城市规划学和社会学等相关知识的支持才能创造出优秀的设计方案，因此应试者还要注重对风景园林专业相关学科的知识进行广泛地学习。另外，掌握国家和地方的相关政策、了解不同地域的风俗习惯也将有助于提高快题设计方案的整体水平。

CHAPTER

第 2 章　风景园林快题设计表现技法

材料与工具

线条表现

彩铅表现

马克笔表现

其他表现

2.1 材料与工具

得心应手地使用材料工具，是保证快题设计顺利完成并达到良好预期效果的前提条件。以下将风景园林快题徒手绘图可以运用到的材料工具作一个简单明了的介绍。

2.1.1 图纸

从设计表现方面来说，图纸是载体。市面上我们常见到的图纸种类多种多样，都有着自身独特的特点。以下几类易于准备、表现力较好，运用于快题设计时能达到不错的效果。

（1）白色绘图纸

是一种用于绘制工程图、机械图、地形图等图纸的白纸，质地紧密强韧，无光泽，尘埃度小，具有优良的耐擦性、耐磨性、耐折性，因此十分适于铅笔、墨线笔的书写与绘制。白色绘图纸是运用于快题设计最为普遍的图纸，耐擦、耐磨的质地可经受铅笔反复几次的打稿修改；白色的底色使绘图后的色彩更加突出、明亮、对比强烈。配合铅笔、钢笔、彩铅、马克笔使用均能产生不错的图面效果（见图 2-1）。近年来，在许多高校的建筑或园林快题考试，都规定白色绘图纸为考试用纸，一般的图纸规格要求为 A2（420 mm × 594 mm）或 A1（594 mm × 841 mm）。另外，因为不具备拷贝纸透明、可拷拓的功能，对考生直接在图纸上打稿创作的能力有更高的要求，因此在快题设计学习初期，可将其作为基础用纸加以练习。

（2）彩色绘图纸

与白色绘图纸相比，彩色绘图纸更具个性，更能表现设计者独特的创作特色。图纸的底色如果能和绘图线条、着

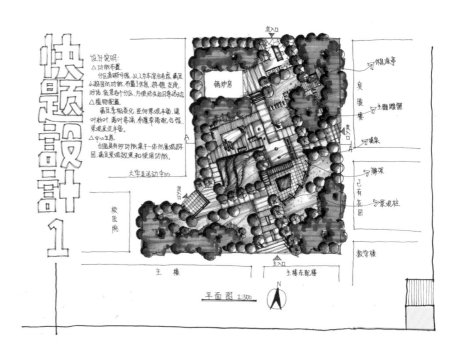

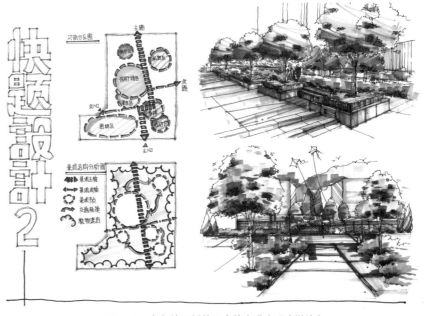

图 2-1　白色绘图纸的马克笔表现（邓冰婵绘）

色很好的搭配融合、互相衬托，会创造出与众不同的风格。尤其是在快题考试中，在考试没有规定图纸颜色时，一款彩色绘图纸绘出的考卷，往往能在众多普通白色图纸中脱颖而出。比如：一款淡土黄色的色纸与墨线淡彩结合，可营造出怀旧色彩（见图2-2）；在黑色色纸上运用白色线条笔、荧光笔等可创造出现代感十足的图纸效果。但需要注意的是，利用彩色绘图纸进行创作，一定要具备扎实的绘画和设计基本功，突出图纸的设计特色，否则很容易本末倒置、弄巧成拙，使图纸主体设计不鲜明，或者颜色搭配难看，失去色纸使用的意义。因此建议在色纸使用前，要先进行白色绘图纸、拷贝纸绘图的基础练习，反复推敲设计内容与色彩构图后，再运用彩色绘图纸练习。

（3）草图纸

又称拷贝纸，是一种质感轻薄、有一定透明度的纸张。质地柔软，不耐磨、不耐折，厚度很薄，尖细的笔尖轻划就有可能破裂。由于其可拓、价廉、易于分割剪裁的特点，多用于设计构思初期的草图阶段（图2-3）。在一些高校的快题考试中，为了突出便捷、快速的特点，有时也会要求运用草图纸作图。在使用时，可多准备几张，第一稿完成，如需要修改，则将第二张覆盖在第一张上，将必要的内容拓上后继续推敲设计即可，如此反复。绘制分析图时也可利用草图纸覆盖于底图上进行勾勒分析，方便实用。绘图时，建议使用粗头的HB铅笔、一次性针管笔或马克笔，以免笔尖过细过硬刮破纸张；同时避免用橡皮擦拭。马克笔颜色鲜亮，着色容易，在这种半透明纸张上呈现效果较好；而彩铅颜色较淡，如用力上色又会划破纸张，可作为淡彩表现。

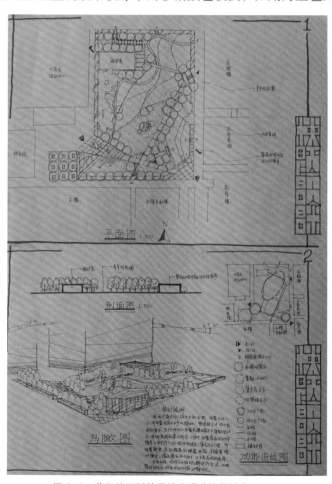

图2-2 黄色绘图纸的墨线表现（郑彬绘）

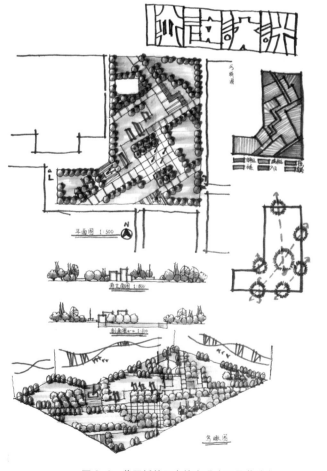

图2-3 草图纸的马克笔表现（王予芊绘）

（4）硫酸纸

也是一种半透明的纸张。在快题设计中其功能与草图纸类似，但具有纸质纯净、强度高、透明度好、不变形、耐晒、耐高温、抗老化等特点。相对于草图纸来说，纸张强度更高，更硬但透明度不如草图纸高，纸张略偏灰，不耐水，绘图时要防止手出汗将纸弄皱，亦不易用水彩表现。同时，因为不宜着色，如用橡皮擦拭，会将纸弄花，铅笔、彩铅等不太适宜用于硫酸纸上，建议用针管笔上墨线，用马克笔着色（图2-4）。相比较而言，水性马克笔比油性马克笔颜色更为清新，油性马克笔在这种半透明纸上颜色略显暗淡。在快题练习时，可将草图纸、硫酸纸及各种笔类对比使用，找到最佳的使用方式。

（5）其他图纸

除以上四种常见的图纸以外，在作图时还可使用一些其他的纸张。如突出图面效果的纹理粗糙的纸张、怀旧的牛皮纸、方便简捷的复印纸、可把握尺度的坐标纸等，在此不再做过多的介绍。

图2-4 墨线马克笔的硫酸纸表现（彭历绘）

2.1.2 笔

可选择几种笔配合使用，并不拘泥于单一的某一种。除使用基础的制图用笔外，还可运用一些表现用笔。一般来说，基础用笔包括铅笔、针管笔、钢笔、美工笔等，都用于线条表现；表现用笔包括彩铅笔、马克笔等，多用于色彩表现。在绘图时，可选择其中几种综合运用，力求快速、简洁、明了。本书将主流表现用笔加以介绍，以供读者参考。

（1）基础用笔之铅笔

铅笔是制图的基础，其线条细腻，可涂改，一般用于草稿与正式图底稿阶段，有时也会用于快题设计的正式图中。铅笔芯质地有软硬之分，4H、3H、2H、H、HB、B、2B、3B、4B由硬到软。笔芯越硬越不易上图，颜色浅淡，较易修改；笔芯越软越容易上图，颜色越深，铅墨质地越油腻，用橡皮难于擦拭干净，容易涂抹弄脏图纸；HB介于其中，软硬、颜色最为适中。在快题考试时，不必像专业工程制图或素描绘画一样选用较为夸张的笔芯等级，只需准备1~3种铅笔类型，建议使用H、HB、2B这三个中间级别即可。H、HB可用于草图、底稿阶段，易于修改；2B可以用于正式图等加强表现的阶段，易于绘制粗线、强调颜色。

（2）基础用笔之针管笔

针管笔是绘制墨线的基础制图笔之一，根据笔尖管径大小，能绘制出均匀一致、粗细不同的墨线。针管笔分为注墨针管笔与一次性针管笔。注墨针管笔笔尖内有一条活动的细钢针，上下晃动钢针，可使笔尖顺利出墨，绘制出的墨线颜色浓郁、稳重，目前市面上常见的优质针管笔品牌有：德国红环（Rotring），德国辉柏嘉（Faber-Castell），国产英雄（Hero）等。一次性针管笔不需灌注墨水，笔尖为一次性尼龙棒，品牌多样、价格便宜，如德国红环（Rotring）、施德楼（Staedtler），日本樱花（SAKURA）、三菱（MITSUBISHI）等。

注墨针管笔是最为专业的制图用笔，但为保证流畅高质的墨线，需要较专业的操作与保养维护，不然极易出现漏墨、堵笔等现象。因此对于快题设计这种时间短、速度快的绘图来说，最好使用一次性针管笔，搭配三种粗细规格即可。较常用的规格有：0.1、0.2、0.3、0.5、0.8等。

（3）表现用笔之彩铅

彩色铅笔（图2-5）具有颜色丰富、色彩表现力强、易把握、表现手段快速等特点，能够像铅笔一样快速自如的运用。市面上的彩铅可分为蜡制彩铅与水溶性彩铅两种。蜡制彩铅硬度较高，尤以国产的更为突出，绘画与削笔时易折断，上色较淡，难以进行深入的描绘。水溶性彩铅质地相对比较软，颜色丰富，上色较深，笔尖蘸水或用水将上色部分晕开，可形成似水彩的渲染效果。因此建议在快题设计中，可准备整套水溶性彩色铅笔，24色或36色即可，品牌如辉柏嘉（Faber-Castell），玛丽（Marie's）等都很不错。

图2-5　彩色铅笔

（4）表现用笔之马克笔

马克笔（图2-6）是用来快速表达设计构思及设计效果的重要表现用笔。主要分水性和油性两种，水性马克笔颜色亮丽，但颜色叠加生硬，效果不好。油性马克笔快干、耐水、而且耐光性好，颜色多次叠加不会伤纸，效果柔和。在快题设计考试中可根据个人喜好选择适合的种类，如在绘图纸上，建议使用较柔和的油性马克，对于风景园林设计而言，颜色以绿色系、灰色系使用居多，再搭配其他颜色即可。目前市面上国产品牌价格较便宜，美国、日韩等产地品牌也广泛使用。

图2-6　马克笔

2.1.3　尺规、图板与其他制图工具

除笔、纸以外，还需准备尺规、图板等作图工具。虽然许多图纸表达可通过徒手绘画完成，但多数情况借助尺规可更加方便、严谨地表达图纸内容，如建筑平、立、剖面的尺寸等。市面上的作图工具名目繁多，但在快题考试中，盲目的准备只会给作图造成负担。在考试前应精选必须用具，熟练使用，方可达到以一应百的效果。以下将必须或建议使用的工具做一个简单的介绍。

（1）丁字尺

又称T形尺，主要与制图板结合使用，用于绘制平行线（方法见图2-7）。如配合三角板作图，又能绘制出垂直线。丁字尺一般有600mm、900mm、1200mm三种规格，可根据图板宽度进行选择，如2号图板配合600mm长度较合适，1号图板配合900mm较合适。如果图板小，尺子过长则易剐蹭。

（2）三角板

在绘图中，三角板是必备的绘图工具之一，其用途广泛。与丁字尺结合，可绘制垂直线（方法见图2-8）或相应度数的斜线；单独使用可绘制或测量不同的角度；同时可完全替代直尺绘制一般的直线。快题考试时，除丁字尺外，准备一套大小适中的三角板就可代替各种直尺绘图，方便实用（小技巧提示：上墨线时为避免墨汁浸入尺缝，有时可将三角板正面朝下使用）。

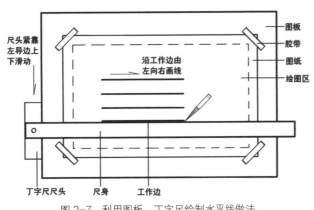

图 2-7　利用图板、丁字尺绘制水平线做法

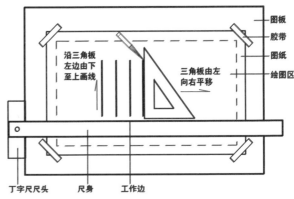

图 2-8　利用图板、丁字尺、三角板绘制垂直线做法

（3）圆模板

在园林快题设计中，大量的平面树绘制可根据比例利用圆模板打稿，非常方便快速。对于徒手能力较强，练习比较充分的同学来说，也可不使用圆模板，徒手绘制即可。

（4）比例尺

在绘图中，为更好地把握尺度，可以选用比例尺，加强绘图的准确性。

（5）图板

一般选用木制绘图板，配合绘图纸大小，A1 纸用 1 号板，A2 纸用 2 号板较为合适。图板一定要选择边缘方正，相邻两边垂直的板子，这样才能配合丁字尺与三角板绘制平行线与垂直线。

（6）夹子

可选择四个力道较大的夹子，可上下固定图纸于图板上。尽量不固定于图板左侧，以免影响丁字尺的使用。

（7）胶带

在不使用夹子的情况下，也可选用宽度适中的胶带将图纸固定在图板上。注意胶带粘贴于绘图范围外，避免胶带黏性破坏绘图区域，绘好后可直接用裁纸刀将绘图区裁下。

（8）橡皮

为了修改铅笔稿或彩铅印记，需准备一块柔软度较高的橡皮，在大面积擦拭时才不会对图纸表面造成损伤。常见的硬质绘图橡皮只适合擦拭很淡的局部绘图线。

2.2　线条表现

在设计图中，线条是一幅作品的"骨架"。好的线条表现，犹如图纸作品的灵魂，这点在快题设计中更为突显。在时间短、内容多、思考紧迫的快题考试中，设计内容与图面表达无法做到面面俱到，精雕细琢，那么考生就只能抓住作品的"灵魂"——线条，着重处理。这样即便接下来的色彩表达不够充分，但只要图纸整体的骨架搭建起来了，内容完整，表达恰当，也不失为一幅好的快题表达作品。在快题设计图中，线条表现大致可分为工具线条表现与徒手线条表现两类。

2.2.1　工具线条表现

工具线条表现是指利用尺规作图，绘制工整、规则，以线条表现为主的图，具有严谨、规整的作图特点。由于快题考试时间紧张，不需太过细致，一般不建议大范围或全图使用工具线条。使用范围主要涉及图框线、主要轮廓线、构图线、建筑表达的平、立、剖面等（图2-9）。在进行工具线条绘制时，需注意以下几个方面。

① 无论是铅笔线或墨线，工具线条都应掌握用笔原则，做到线条粗细均匀，光滑整洁，线条起始收放利落。

② 在整幅图中掌握粗细线条区分鲜明原则，将线条分为粗、中、细三档。一般来说，首先按照图纸比例及图纸大小，先确定粗、中、细线线宽，然后按照不同线形种类及用途将其归类（见表2-1）。

③ 为保证作图连贯，图纸整洁，在作图时应遵循先画主要线后画次要线，先画粗线再画细线的原则。

④ 线与线衔接时要有序接连，尽量避免不必要的重叠。如曲线与直线相接时，可先画较复杂的曲线，再接直线。

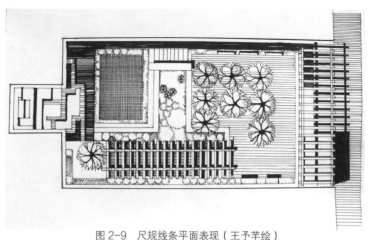

图2-9　尺规线条平面表现（王予芊绘）

表2-1　一般制图的线宽分类及主要用途

线宽分类	主要用途
粗线	用于边框线、主要轮廓线、剖切线等
中线	用于一般内容线
细线	用于次要内容线、填充线、标注线等

2.2.2　徒手线条表现

（1）表现形式

徒手线条表现是指不利用尺规，纯手绘绘制以线条表现为主的图。徒手线条表现图强调了个人的表现能力，更多赋予图纸个性化成分。同时，其快速、随性的特点也更适合突出表现快题设计的图纸内容。在快题设计中，许多方案构思图（图2-10）、以植物为主的园林平面图、各种效果图（图2-11）等都可以利用徒手线条来进行表达。

在徒手表达线条时，首先要了解线形的个性，以及对线条加以最基础的练习。"线"有各种各样的形式:刚劲、挺拔的直线，柔中带刚的曲线，纤细、绵软的颤线等。

（2）步骤与要点

一般，在绘制徒手线条时，需掌握以下两个要点：

① 线条运笔要流畅，落笔果断，要尽量"一气呵成"，不要频繁出现所谓的"断气"。如出现间断，线与线连接时要恰当，不要去描，忌用笔犹豫，反复。具体绘制方法正、误见图2-12。

② 把握用笔的力道，不同的线用力需有不同。一笔下来，力道要匀称，过渡也要均匀。

可进行一些不同线的组合训练（图2-13、图2-14）。

■ 直线训练：直线线条的排列叠加组合，线条要均匀，落笔流畅。

■ 曲线训练：基本线条之一，弯曲的曲线有序的排列变化，可训练徒手对线条方向变化的控制及一气呵成的能力。

■ 排列线训练：由多条短线较规则排列组成，可长短不一，也可疏密有致，常出现于手绘图中的暗部及阴影处。

■ 交错线训练：由多组排列的短线交错形成具有一定质感的交错组合，多用于绿篱、树丛的表达。

■ 树冠线训练：用笔要流畅，线条走向较随意，蜿蜒曲折。常用于植物的表现。

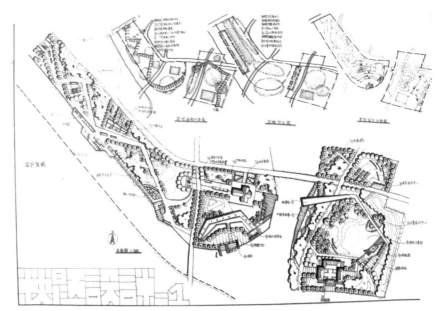

图2-10 徒手线条方案构思（邓冰婵绘）

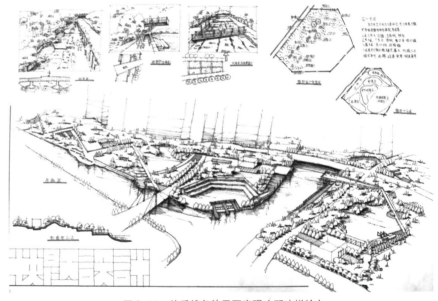

图2-11 徒手线条效果图表现（邓冰婵绘）

■ 锯齿线训练：锯齿长短不一，随意又有序的排列，训练快速绘制的稳定性。

■ 爆炸线训练：类似锯齿线，但整体轮廓呈放射形，也常用于植物的表现。

■ 水花线训练：以曲线形式为基础，更加自由随意地展现线条的流线美，训练用笔的灵活度。

■ 波浪线训练：较之水花线，用笔需要一定的力量，才能更有力地展现线条的均匀效果。

■ 弹簧线训练：随意性较大，常用于快题设计的图面处理与点缀。

线的表现与应用是设计图的重要环节，通过练习不同线形和钢笔画训练（见图2-15），可使各种徒手线条表现更加熟练自如。

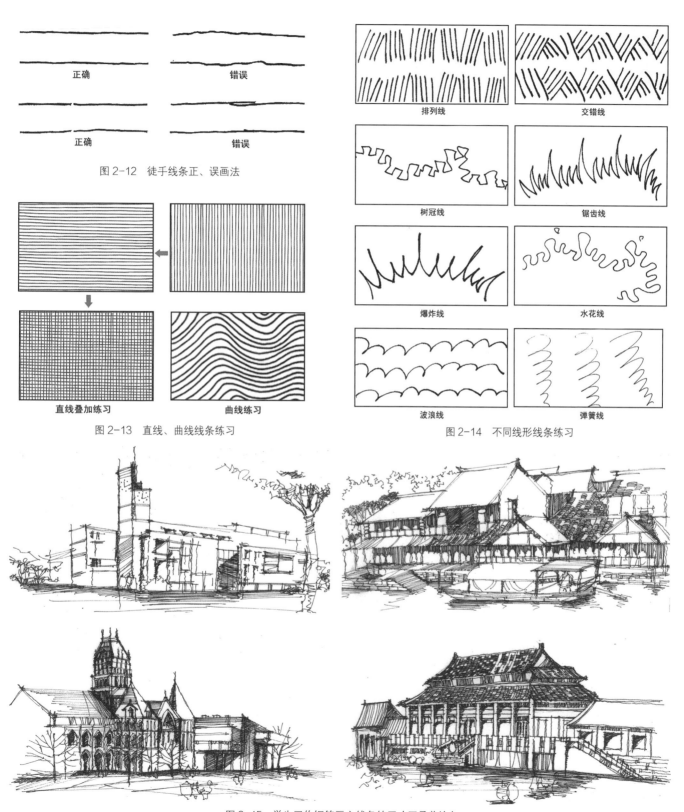

正确　　错误

正确　　错误

图 2-12　徒手线条正、误画法

排列线　　交错线

树冠线　　锯齿线

爆炸线　　水花线

波浪线　　弹簧线

直线叠加练习　　曲线练习

图 2-13　直线、曲线线条练习

图 2-14　不同线形线条练习

图 2-15　学生习作钢笔画之线条练习（王予芊绘）

2.3 彩铅表现

2.3.1 表现形式

在快题设计中，彩色铅笔绘图是一种非常基础的色彩表现形式，画法简单，易于操作，是色彩表现入门的首选。利用彩色铅笔表现的形式主要有两种：一种是在铅笔稿或墨线稿的基础之上，用彩铅直接上色，利用笔触的轻、重、缓、急和色彩的深浅变化，更加充分地表达图纸内容；另一种是与渲染相结合，利用水溶性彩铅融水的特性，营造较大面积的画面退晕效果。

无论使用哪一种形式，从方案构思阶段的概念性草图到方案形成阶段的正式图表达，从平面图、立面图、剖面图到透视图，彩铅都具有较强的艺术表现力和感染力。如图 2-16 是利用彩铅进行分析图表现，简单明了的色块分区及箭头指示可以将分析图更加明确地呈现出来；而概念性草图只需用彩铅将重点部分着色，突出平面效果即可，如图 2-17，在广场的四个概念方案中，植物用绿色彩铅重点上色，其余部分留白，这也将方案的整体特点表现出来；图 2-18、图 2-19 是某方案设计局部平面草图与整体平面设计图表现，彩铅的笔触质感明显，色彩重点突出，不同区域颜色搭配和谐。

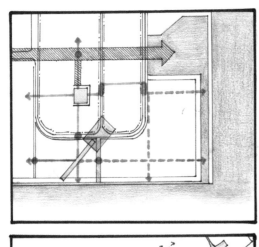

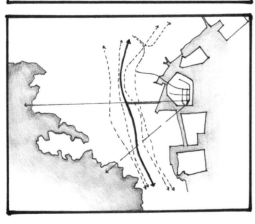

图 2-16　现状分析图彩铅表现（西宫市海员花园住宅，
引自《日本最新景观设计 3》，曹心童绘）

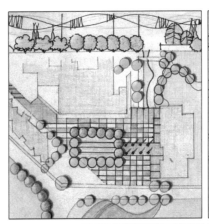
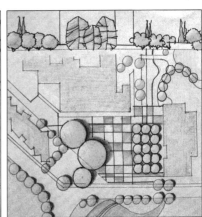
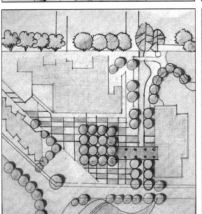
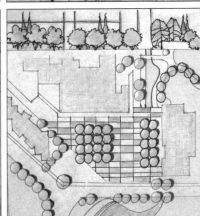

图 2-17　概念性草图方案（汉堡某集市广场，王予芊临摹）

图2-18 局部平面彩铅表现（成超男绘）

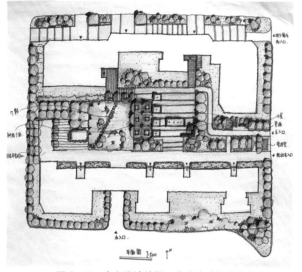

图2-19 方案设计总平面表现（成超男绘）

2.3.2 步骤与要点

（1）干涂法

干涂法是通过素描的线条画法来进行色彩塑造，利用规则的线条平涂，并进行颜色叠加与细致刻画，达到完美的画面效果。其具体步骤可分解为以下几个步骤。

① 构图起稿：用铅笔或针管笔将图面内容打稿，形成基本的线条图，注意构图与画纸安排要得当。

② 初遍上色：在铅笔稿或墨线稿的基础上，进行初遍上色，笔法尽量使用排线平涂。着重兼顾整体关系，从大的结构处与暗处开始下笔，不必拘泥于某一细部。颜色不必一次性太深，用笔略轻，笔触轻软。

③ 深入上色：在第一遍颜色基础上，丰富色彩，由深及浅加重色彩，或尝试色彩叠加。用笔可略重，笔触方向与第一遍时要有一定规律，忌杂乱无章。

④ 细致刻画：针对重点部位与细部，用深入的调子层次，进行深入细致的刻画。重点突出图面整体结构与细节质感。

（2）水溶法

水溶法是利用水溶性彩铅的特点，着色时能画出像铅笔一样的线条，融水后又能形成像水彩的渲染效果，具体方法有以下几种。

■ 方法一：先利用彩铅干涂，然后用蘸水的笔、刷涂抹着色处，使色彩笔触溶解，形成晕染效果。

■ 方法二：将彩铅笔尖直接蘸水，即可画出线条感，同时也可以在画面上自由的混色。

■ 方法三：直接用潮湿的纸着色作画，将画笔色彩溶解。

通过逐渐摸索，选择适合自己的方法，彩铅可创造出独特的绘图风格。

（3）综合要点

在利用彩铅表现技法绘图时，需注意以下几个要点：

① 干涂法上色时，关键是根据图面对象形状、质地等特征，有规律的组织、排列铅笔线条，像素描一样形成规则的笔触。

② 同一种彩铅颜色，在用力不同的情况下，可自然地表现出色彩的浓淡变化，因此对于颜色的深浅与渐变，需控制手上的"力道"。

③ 当彩铅颜色种类无法满足需求时，可通过不同色彩的叠色，达到满意的效果。比如要画绿色，可以用蓝色和黄色交替上色。

④ 重点刻画时，深色部分尽量一次画深，最忌来回涂抹、反复叠色，这样容易把纸画油腻，无法上色。

2.3.3 习作分析

在进行方案训练时，可结合色彩表现同时进行。在绘制方案草图、设计线条图时，逐步训练彩铅的着色表达；亦可对同一个设计方案，反复多次绘图，对图面整体表达对比摸索、逐步提高，同时提高绘图速度。以下是两组学生习作，某小游园、公园设计平面图的彩铅初步表达。由于没有特定的时间限制，彩铅运用比较细致，各幅平面图表达也比较充分。

（1）某小游园景观环境设计平面图彩铅表现（图 2-20）

从图面表达来看，整体构图较为合理，图面色彩明艳，彩铅刻画细腻，笔触细致规则，尤其是植物刻画很生动，色叶植物与花灌木颜色搭配多而不繁。彩铅与墨线结合使平面整体看起来干净、利落，色泽明亮却又不失沉稳。

（2）某公园景观规划设计平面图彩铅表现（图 2-21）

该方案自然式与规则式相结合，整体结构较为合理，但植物配置略显不足。图纸彩铅表现整体风格明亮，下层草地颜色得当，但上层植物由于配置的不足加上颜色的繁多，整体显得有些凌乱。场地、轴线与水面处理表达较好，尤其是水面颜色得体、笔触与过渡自然。

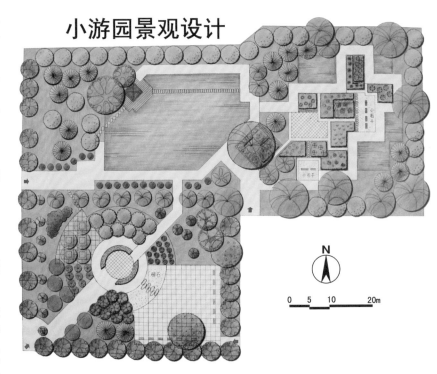

图 2-20　学生习作彩铅表现 1（李白冰绘）

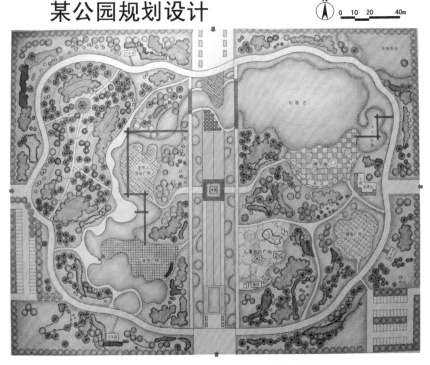

图 2-21　学生习作彩铅表现 2（李白冰绘）

2.4 马克笔表现

2.4.1 表现内容

马克笔表现方便快捷、色彩表现力强，在快题考试中是不可或缺的工具。其表现形式可以从不同的角度进行划分。

① 从起稿线的线条表现来划分：一种是将起稿线作为参考线，待马克笔上色后，擦除不予保留，只留下马克笔的作图效果；一种是将铅笔稿或墨线稿作为基础的线条表现保留，在此基础上用马克笔上色丰富图面。

② 从马克笔种类来划分：分为油性马克笔表现形式与水性马克笔表现形式。在同一种图纸上，油性马克笔颜色更加润泽、自然，笔触与色彩叠加效果很好；水性马克笔颜色则更显鲜艳，每一笔触的界限感更强。

③ 从图纸类型划分：马克笔表现广泛适用于各种图纸类型。

以下是一些设计方案草图、局部平面与总体平面的马克笔表现。我们可以感受到马克笔的魅力，并能从中吸取有益的经验。图2-22为概念性方案草图设计的马克笔表现，图中在线条的基础上，用不同颜色马克笔清晰勾勒出各个区域的基本设计内容，简洁凝练，不失为一种有效的表现方式。图2-23为某高校中心花园的平面马克笔表现，用马克笔色块简单地刻画了各结构层次。同时植物暗部用深色马克笔一笔勾勒加深，重点突出。图2-24为某滨水游园设计的马克笔表现，整体色调明快，色彩搭配简练，层次清晰，笔法轻松，烘托出了游园整体的气氛。图2-25的花园设计，则用明快的绿色着力刻画花园的植物配置。

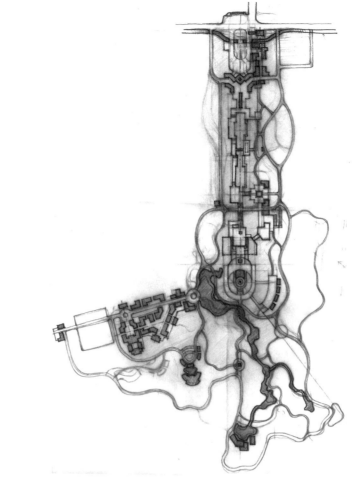

图2-22 概念性草图马克笔表现（崔易梦绘）

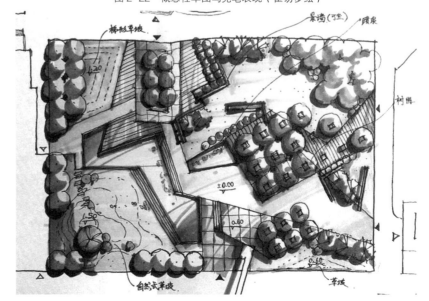

图2-23 局部平面马克笔表现（曹心童绘）

图 2-24　方案设计总平面马克笔表现 1（李秋晨绘）　　　　　　　　图 2-25　方案设计总平面马克笔表现 2（苗静一绘）

2.4.2　步骤与要点

（1）笔法与步骤

马克笔的笔头可分多种，如方尖型、圆粗型、圆细型、平头型等。笔头形状不同、使用角度与方向不同，画出的线条粗细程度也各不一样。选择时可根据自己的习惯与喜好进行搭配，建议能够兼顾粗细线的使用要求。马克笔在用笔时笔触具有一定规则，一般来说可分为排笔、叠笔、线笔、点笔等（见图 2-26）。

■ 排笔——指按一定方向规则有序地运笔，笔触与笔触间尽量不交错，排列均匀。一般适用于大面积的平涂。

■ 叠笔——在排笔的基础上，进行笔触的叠加，一般运用于不同色彩的层次叠加。

■ 线笔——与大面积平涂不同，线笔体现了线条的自由变化之美。

■ 点笔——指以点状形态出现的笔触。可以是面积较大的大点笔，也可以是细碎的小点笔，或者是构图收尾的点睛之笔。

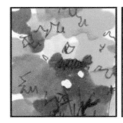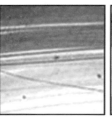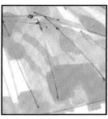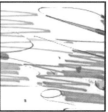

图 2-26　马克笔各种笔法综合表现图

绘图具体步骤如下。步骤一：底稿。用铅笔或墨线勾勒线条稿，作为基本的构图底稿，线条根据需要整体绘图完成后可擦除也可保留（图2-27）。

图2-27　马克笔表现步骤一

步骤二：着底色。从画面整体出发，先浅后深，进行大面积底色着色（图2-28）。

图2-28　马克笔表现步骤二

步骤三：深入刻画。进行局部画面的深入刻画，在底色基础上进行色彩调和与叠加，增加画面色彩的层次感（图2-29）。

图 2-29　马克笔表现步骤三

步骤四：结尾。勾勒细部及画面明暗处理（图2-30）。

图 2-30　马克笔表现步骤四

（2）综合要点

马克笔表现时，需注意以下几个要点。

① 用笔时应注意笔触，不可凌乱无序，尤其是大面积平涂时尽量随画面构图排笔，上色果断干脆，避免停顿过多，使画面零碎。

② 进行色彩叠加时，颜色过渡要协调，使用一种色调的浅、中、深色进行过渡。避免用色杂乱，差距太大的颜色相互叠加可能会造成颜色发灰发脏。

③ 画面要有明、暗、虚、实对比，颜色不要画得太满、太灰、太死，要敢于留白，局部可使用灵活的笔触，如点笔、曲线等提升画面的灵活度。

④ 刚开始用马克笔，除因为不当的色彩叠加会造成画面脏、灰，还极易出现画面用色过于艳丽的情况，尤其是使用水性马克笔，建议选择一些适用范围广的柔和色彩。

2.5 其他表现

2.5.1 淡彩表现

淡彩表现（见图2-31）是一种从画面效果来定义的表现形式，是以线条表现为主、颜色为辅的一种表现技法，某些彩铅与马克的淡彩表现，也属于其所属范畴。对于淡彩表现来说，颜色并不是主体，线条表现才是重点。在线条的基础之上，用淡淡的颜色，大面积或分区域的简单表现主体即可。这种表现方式主要运用在草图阶段，营造快捷、简练、轻松的效果。淡彩使用的色彩一般以透明或半透明颜料为主，包括水彩、水粉、彩铅、马克笔等，颜色选择应清淡透明，尽量不要覆盖底图线条。

2.5.2 综合技法表现

综合表现技法，是在熟练掌握各类技法后，将其进行综合的运用，在对各种技法深入了解、掌握后，依据个人喜好进行画面的综合创作。在快题考试中，一般可结合各人技法的优势，以快捷、效果好为主要考虑进行搭配。最常见的是综合运用彩铅与马克笔进行整体表现。如图2-32为某小区平面设计综合表现，图中建筑以线条为主，重点对周边环境着色，对景观进行分层表达，地面铺装以彩铅表达为主，草地及一

图2-31 淡彩表现（彭历绘）

些乔木用浅色马克笔着色，绿篱以及其他常绿植物用深色马克笔着色，而水体及其他景观构筑物用对比较强烈的马克笔着色，拉开了整体空间层次，表达清晰。图 2-33 将彩铅与马克结合，取长补短。对于大面积施色的水体、草地等区域，为避免颜色过深过艳而选用彩铅有层次地由深及浅过渡表现；而对于需要加强、重点表达的乔灌木则暗部用马克、高光处用彩铅处理，使整幅图每一处都比较自然，颜色亮丽却不失明暗变化的沉稳。这种处理手法在初期拿不准马克笔大面积施色效果时，是一种讨巧的做法。

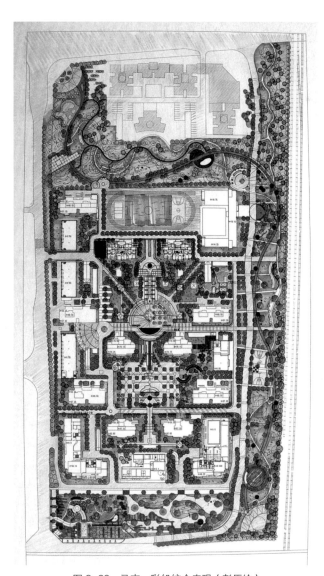

图 2-32　马克、彩铅综合表现（彭历绘）

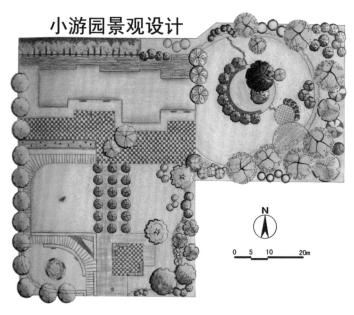

图 2-33　学生习作总平面马克、彩铅综合表现（刘雯雯绘）

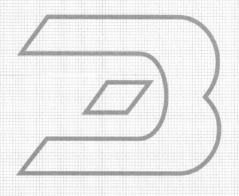

CHAPTER

第 3 章　设计元素拆分训练

地形设计

入口设计

中心场地设计

道路设计

植物设计

水体及山石的表达

景观小品表达

3.1 地形设计

园林地形是指在园林场地中竖向上的高差变化，好比园林场地中的骨架，其骨架的"塑造"，决定了场地最终的"形态"。广义上，不仅包括竖向土地的起伏变化，还包括水体的设计。在快题设计考试中比较常见的地形设计包括：自然的微地形设计、规则的高差变化设计、山水设计等。

从功能的角度说，地形设计利用不同的地形地貌，增强场所的空间感、层次性；同时创造出优良的小环境，并力求解决场地的排水和水土保持等问题。从艺术的角度看，地形设计增强了场所空间的美感，并赋予更多文化的内涵。如西方园林的意大利台地园、英国自然式园林与中国古典园林的自然山水园（见图3-1、图3-2、图3-3）等，都是地形设计中的典范。

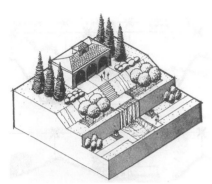

台地式园林

自然式园林

图3-1　不同地形的空间感受（引自《风景园林设计要素》）

图3-2　意大利台地园（钱毅提供）

图3-3　北京颐和园

3.1.1 地形设计的原则

在进行地形设计与改造时，应以"生态、自然、经济、艺术"为总体原则，在改造空间、美化环境的基础上，不过分夸张设计，力求自然和谐。

① 生态的原则，因地制宜，顺其自然。少动土方，避免大规模的夸张改造，应顺其地势就低挖池就高堆山。

② 自然的原则，利用为主，改造为辅。尽量利用原有的自然地形、地貌。尽量保留原有合理的地形与植被，

对局部小范围进行改造。

③经济的原则，填挖结合，土方平衡。在地形设计改造时，尽量减少工程量与施工成本，即达到土方平衡。

④遵循艺术的原则，源于自然，高于自然。符合自然的规律与文化内涵，功能与艺术相结合。

3.1.2 地形表现的要点

常见的园林地形主要包括（图 3-4）：斜坡式、土丘式、假山式、沉床式等。

图 3-4 园林地形的主要形式

■ 斜坡式：常结合立地条件需要而设置，如河道护坡、立交桥护坡等，在该地形上种植花纹图案立体感强，视觉效果佳。

■ 土丘式：也就是我们常说的微地形，在庭园绿化中常常出现。土丘一般高为 1～3m，坡面倾斜度在 8%～12% 之间。

■ 假山式：较土丘式坡地起伏较大，形似假山。

■ 沉床式：在城市干道四面相接的大型公共绿地设计中常以下沉地形处理绿化景观。

无论是何种园林地形，在快题考试中都需要从设计与画法表现两方面加以考虑。在设计上，除遵循地形设计原则外，还应从实际场地着手考虑其合理性；在画法表现方面，如何利用线条与色彩从图纸中体现出地形设计内涵，更是需要注意的方面。一般来说，在快题设计中平面图与剖面图可较详细直观地表达场地地形。

（1）平面图中的地形表现

详细设计阶段和施工图阶段需专门绘制竖向设计图，而在快题设计中，地形内容的表达主要通过总平面图来实现。最常见的是利用等高线（图 3-5）表达实际地形中的高低陡缓、峰峦位置、坡谷走向及溪池的深度等。快题考试时，平面图等高线表达主要有以下几个要点。

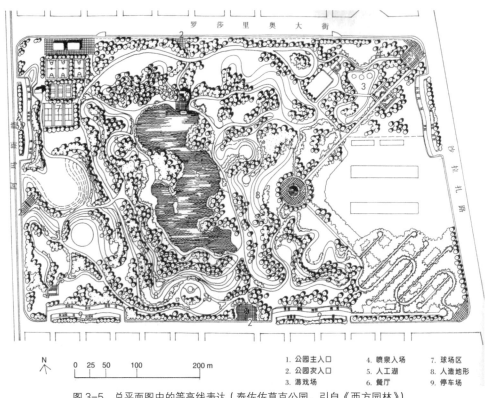

图 3-5 总平面图中的等高线表达（泰佐佐莫克公园，引自《西方园林》）

1. 公园主入口	4. 喷泉入场	7. 球场区
2. 公园次入口	5. 人工湖	8. 人造地形
3. 游戏场	6. 餐厅	9. 停车场

① 同一等高线上的点，高程都相等。每一条等高线都是闭合的，但由于场地界限和图纸框的限制，图纸上的等高线不一定每根都闭合，有些被图纸范围切割了。

② 等高线水平间距的宽窄，表示了地形的缓陡，疏则缓，密则陡。

③ 等高线一般不相交重叠，只有在垂直于地面的驳岸、挡土墙、峭壁等处时才会重合。在图纸上也不能直穿横过河谷、堤岸和道路等。

④ 绘制等高线时，尤其是土丘式与假山式等形似自然的地形，要符合自然规律，在限定的空间内，让地形以优美的坡度延伸，产生不同的体态与层次；避免形态僵硬呆板的土包、土堆，以及过于急转扭曲的复杂地形（图 3-6）。

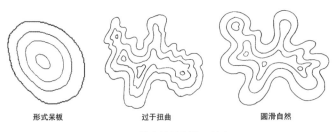

形式呆板　　　　　　过于扭曲　　　　　　圆滑自然

图 3-6 等高线绘制优、缺点

平面图中，在等高线基础上的色彩表现，亦能更加深入地体现地形的变化。可利用色彩的深浅渐变表达地势的变化（图 3-7、图 3-8），如浅色表现地势高，深色表现地势低。或者在图中淡淡的平涂一种色彩，将等高线显露出来即可。一般微地形设计都可采用这种等高线加平涂点缀的方法简捷表现（图 3-9、图 3-10）。

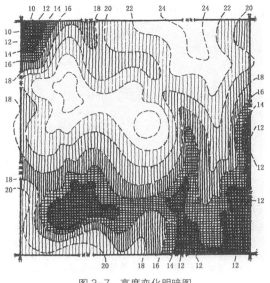

图 3-7　高度变化明暗图
（引自《风景园林设计要素》）

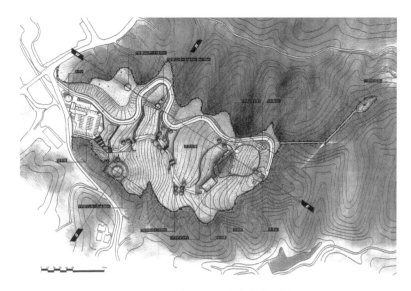

图 3-8　平面利用色彩渐变表达地形变化
（川边天文公园，引自《日本最新景观设计2》）

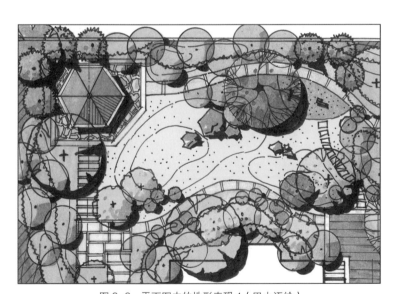

图 3-9　平面图中的地形表现 1（田小语绘）

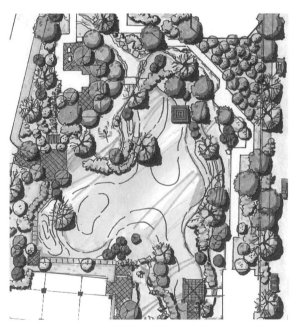

图 3-10　平面图中的地形表现 2（陈兴绘）

（2）剖面图中的地形表现

　　快速表达场地地形变化的另一种方法是通过剖面图来体现地势的高差变化（图 3-11）。剖面图中的地形表现，不仅能够表达出高程陡缓（图 3-12），还能表现出水体深度、驳岸坡度、陆地高差等内容（图 3-13、图 3-14）。因此有地形变化的重要节点、区域，除绘制平面图外，建议绘制相应的剖面图，让人一目了然地看清地形设计的特点。

图 3-11　剖面图中的地形表现 1（韩阳绘）

图 3-12　剖面图中的地形表现 2（冯烜绘）

图 3-13　剖面图中的地形表现 3（田小语绘）

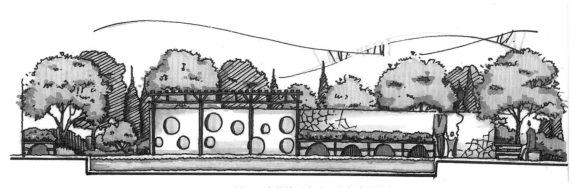

图 3-14　剖面图中的地形表现 4（李秋晨绘）

3.2 入口设计

在风景园林设计中，入口是最具功能性（交通、集散、标识以及贩卖、等候等功能）的元素。尤其表现在节假日、集会及大型活动时，出入人流及车辆剧增，出入口设计需恰当地解决大量人流的集散、交通及安全等问题。同时，园林和公园入口空间既是城市道路与园林之间的空间过渡及交通缓冲，又是人们游赏园林空间的开始，体现出园林的规模、性质、风格等，也是美化街景的重要因素。

入口设计的宽度要求：入口有大小主次之分，具体宽度由功能需要决定。

① 小入口主要供人流出入用，一般供 1～3 股人流通行即可，有时需要能让自行车、小推车出入，其宽度由此二因素确定：

■ 单股人流宽度 600～650 mm;
■ 双股人流宽度 1200～1300 mm;
■ 三股人流宽度 1800～1900 mm;
■ 自行车推行宽度 1200 mm 左右；
■ 小推车推行宽度 1200 mm 左右。

② 大入口除供大量游人出入外，在必要的情况下，还需供车流进出，故应以车流所需宽度为主要依据。一般需考虑出入两方向车行的宽度，约 7～8 m 宽。

快题设计中常见的入口处理形式有很多种，如规则对称式、自然式及有明显标志设计的入口等，下面就对不同类型的入口在快题考试应该注意的问题进行分析。

随着社会的进步，机动车数量增多，停车场设计的必要性凸显出来。停车场与入口、道路的关系：既要考虑与道路交通之间的连接顺畅，又要避免相互干扰；既要考虑乘车游客下车入园、出园上车的路线是否安全顺畅，又要保证停车场内部流线顺畅，进出方便；车道、出入口以及回车场地的尺度要足够，大小车辆及无障碍停车位的尺度要合乎规范：其中小型车为主的停车场车位尺寸多为（2.5～2.7）m×（5～6）m，单车道回转车道宽度不小于 3.5 m，双车道不少于 5 m。

3.2.1 有明显标志设计的入口

入口的标识性充分表达其独一无二的特征，区别此园与彼园的不同，所以在图面表达上应该加重笔墨，使人一眼看到就能明确园子内部的主要特色。图 3-15 和图 3-16 为采摘园的入口设计，一串串沉甸甸的紫色葡萄掩映在木质的古朴门架上，大片大片的翠绿色葡萄叶掩映着黄色的原木，营造原野的气息，充分地表达出"葡萄采摘园"的主题。梨子采摘园用同样的表现方式，将金黄色沉甸甸的梨子装饰近似水果篮形状的大门，给人以丰收成熟的感觉，这两个入口的设计和马克笔绘图表现，非常能打动人心。

3.2.2 规则式入口

入口平面或立面的设计形式由对称图形构成，或种植对称几何图案的树木花卉，使入口的交通进出方向明确、清晰，互不影响，便于管理（图 3-17、图 3-18）。

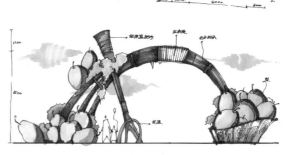

图 3-15　葡萄观光采摘园马克笔表现（曹心童绘）　　　　　图 3-16　梨观光采摘园马克笔表现（曹心童绘）

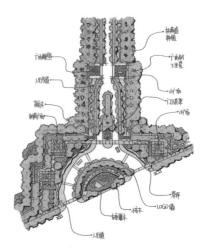

图 3-17　规则式入口 1（田小语绘）　　　　　　　　　图 3-18　规则式入口 2（王媛临摹）

3.2.3　不规则式入口

又称自然式入口，是以不对称的建筑、土山，自然式的树丛和林带包围形成，种植不成行列式，营造植物群落自然之美，花卉布置以花丛、花群为主，不用模纹花坛。树木配植以孤立树、树丛、树林为主，不用规则修剪的绿篱，以自然的树丛、树群、树带来划分和组织园林空间。树木整形不作建筑鸟兽等体形模拟，而以模拟自然界苍老的大树为主（如图 3-19、图 3-20）。

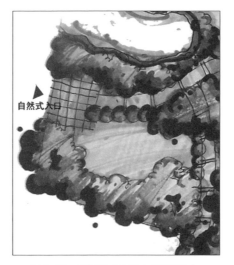

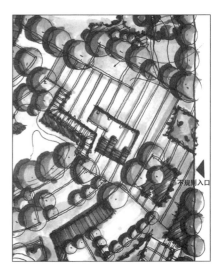

图 3-19　不规则式入口 1（逯璐绘）　　　　　图 3-20　不规则式入口 2（逯璐绘）

3.2.4 居住区绿地入口

现代居住区内绿地数量逐渐增多，作为距离居民最近，使用频率最高的园林绿地，其入口的表达更加强调标示性，展示其独一无二的特征。在平面表达上，一般遵循主入口重，次入口轻的原则（见图3-21、图3-22）。

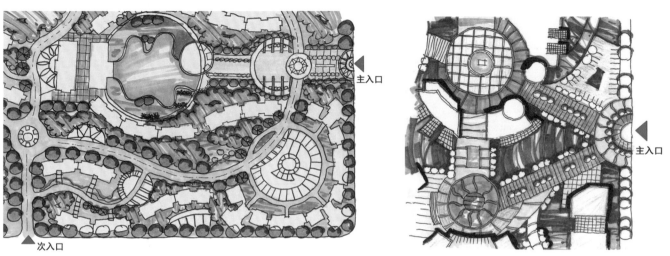

图 3-21　居住区主次入口平面（丁连威绘）　　　　　　图 3-22　居住区主入口平面图（丁连威绘）

3.3　中心场地设计

3.3.1　设计要点

（1）整体表达

中心场地通常会以广场的形式出现，广场是能唤起人们强烈的自豪感和归属感的区域代表和象征，在色彩和表达上都应该特色突出，使其在整个图面上有一定的视觉冲击力；在强调特性的同时，还要处理好与周围环境的关系，使整个图面协调统一。不同场地要有较明显的界限、区分，铺装颜色也应有所变化，以增强空间的识别性（图3-23）。

（2）内部交通

广场的交通表达要流畅且富于变化，路面的图面表达方式要多样。同时，广

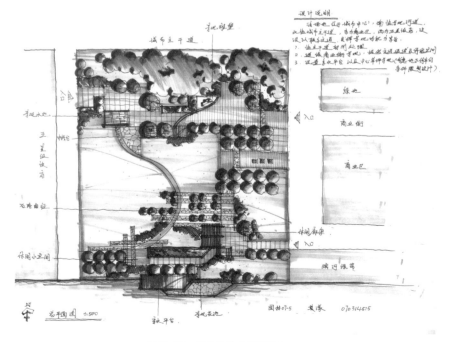

图 3-23　广场设计（莫濛绘）

场是人流集散的重要场所，可以利用"外广场＋内广场"的形式实现（如图 3-24）。为表达外广场的开阔，不宜增加太多色彩或物品，简洁明了，主次分明，交通动线流畅即可。而内广场交通集散的功能较弱，需增加标志性的、体现主题的构筑物，丰富图面表达，但在元素和色彩上都要与园区整体效果相协调。

 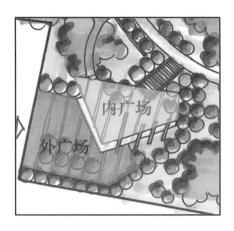

图 3-24　内外广场表现（冯烜绘）

广场中休息驻足场地也不容小视，可坐的面积应达到总面积的 6%～10%，表明园林中的可坐设施（包括坐椅及花坛边缘等）对形成区域感有重要作用。

（3）场地铺装

铺装不仅为人们提供活动的场所，而且对空间的构成有重要作用。根据广场表达的细致程度，铺装在处理上也可有简单或细致之分。简单表达可用颜色整体平涂或渐变，中间加以明暗表现即可；较细致的铺装表达可体现出铺装的具体形式，如方格子交错不同色块（如图 3-25），当然不同的铺装设计结合周围环境也需采取不同的颜色。

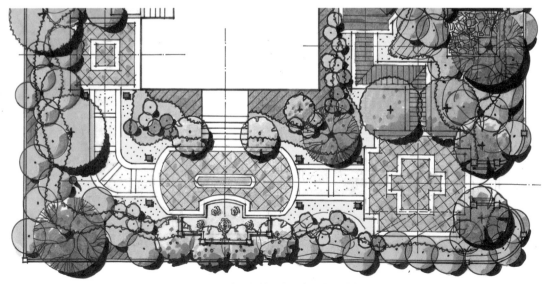

图 3-25　小广场铺装表现（田小语绘）

3.3.2 广场表现分类

（1）圆形和椭圆形广场

平面空间形态呈圆形或椭圆形的广场形态规整，在平面布局上无明显的方向，主体景物多设于圆形中心，广场的朝向通过周边园路的走向、主要景物或小品的位置和朝向来表现。通常半径不能太大，否则广场弧形效果将大打折扣，如图 3-26 ~ 图 3-29。

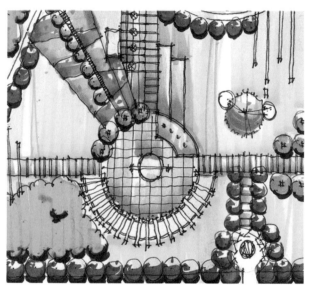

图 3-26　圆形广场 1（刘强绘）

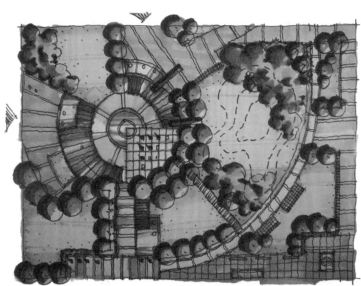

图 3-27　圆形广场 2（逯璐绘）

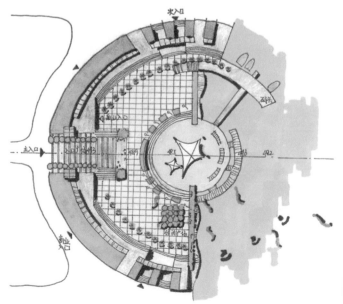

图 3-28　圆形广场 3（刘思佳临摹）

图 3-29　圆形广场 4（冯烜绘）

（2）正方形和长方形广场

长方形广场具有主次方向，有利于分别布置主次建筑。广场采用纵向还是横向布置，一般根据广场的主要朝向及广场上主体景观的体形决定。长方形广场通常给人以庄重的感觉（图3-30）。

正方形广场（图3-31）的平面空间形态十分规整，在本身的平面布局上也无明显的方向，可以以广场铺地图案方向为主体方向或广场中主要小品的位置和朝向为主要方向。由于其正方形的平面形状如棋盘一样规整，可用各类棋局形式的铺装装点，增添趣味性。

（3）梯形广场

梯形广场有较强的方向感和轴线感，多用于对称布局，容易突出主体景物。如果主体景物布置在梯形短底边的主轴线上，则容易获得宏伟的效果；如果主体景物布置在梯形长底边的主轴线上，则容易获得与人较近的效果（图3-32）。

图 3-30　长方形广场（逯璐绘）

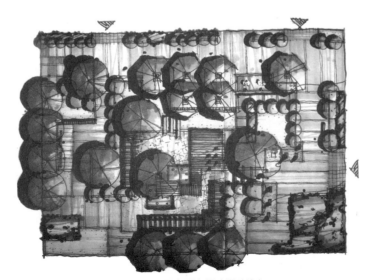

图 3-31　正方形广场（逯璐绘）

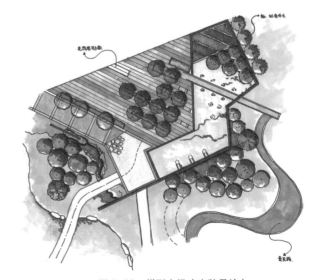

图 3-32　梯形广场（李秋晨绘）

（4）不规则广场（又称自由形广场）

不规则广场（图 3-33 ～图 3-35）大多是受设计主题、用地条件、场地历史发展或保留植物的限制，平面形态为不规则的图形，设计和表现要注意整体性，各个部分之间的连接要自然成序列。

（5）复合广场（包括有序复合广场和无序复合广场）

复合广场是由数个基本几何图形以有序或无序的结构组合而成的广场，其中有序复合广场（图 3-36）的几个母体按轴线的方向连接起来，使人获得理性和动态两种空间感受，遵循对比、韵律、流动等美学法则；无序复合广场（图 3-37 ～图 3-39）尽管表面上是以自由无序的结构相拼合，实则有一定的内在规律或原则使整体获得统一。不同的图形结构可以组织不同的主体空间，这类广场设计巧妙别致，空间形象丰富活泼。

图 3-34　不规则广场 2（韩阳绘）

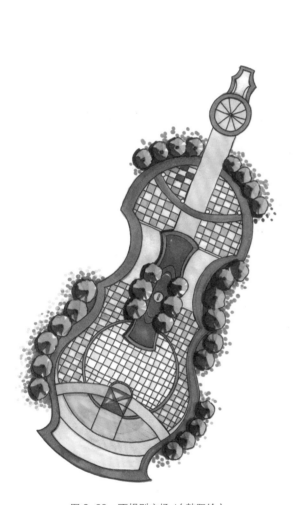

图 3-33　不规则广场 1（韩阳绘）

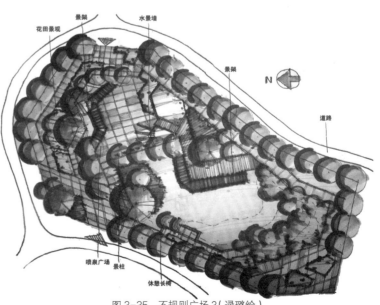

图 3-35　不规则广场 3（逯璐绘）

图 3-36　有序复合广场（韩阳绘）

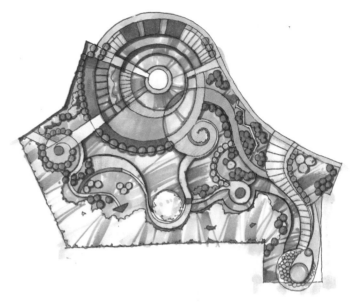

图 3-37　无序复合广场 1（曹心童绘）

图 3-38　无序复合广场 2（王雪临摹）

图 3-39　无序复合广场 3（王雨竹临摹）

3.4　道路设计

3.4.1　园林道路类型

　　园林道路是贯穿整个园林场地的交通网络，是联系各个景点、区域的纽带，在园林的整体构成中起着非常重要的作用。园路可以组织交通，对游客集散、园林养护、园务工作等起到运输作用；分隔空间，引导游览，不同图案的路面铺装，也是游客的最佳导游；其优美的曲线，丰富多彩的铺装形式，也是构成园景的重要园林要素。从规模分类，园林道路可分为主要道路、次要道路、游园小路。

（1）主要道路

主要道路往往形成道路系统的主环，主要道路应该途径园中的重要节点，使游人对园林场地总的轮廓有所了解。从规模来说，主要道路的宽度一般大型公园为4~5m之间，面积较小的公园主环路亦可为3~4m，路旁布置规则式行道树，或自然式树丛、灌木群等。如果为突出局部主干道，可将宽度设置为8~20m，道路中间设置绿带，或两旁布置林荫道。

（2）次要道路

次要道路连接主要道路与各区域的辅助道路，分布在全园形成一些小环，使游人能深入公园的各个景点、建筑。其宽度一般在2~3m，道路布置可以朴素一些，可以沿路营造风景变化，如利用地形植物塑造丰富的画面。

（3）游园小路

游园小路分布在全园各处，引导人们深入到园内的各个角落，是园林道路当中最安静与接近自然的。其宽度一般在1~2m。游园小路旁可布置一些小型园林建筑，开辟一些可供休憩的空间，并结合色彩需要配置一些乔灌木、花卉。

从空间构成的形式上分类，园林道路又可分为规则式道路系统、自然式道路系统、规则与自然相结合的道路系统。

■ 规则式道路（图3-40）有明确的轴线性，引导性强，给人以规整、严肃之感。

■ 自然式道路（图3-41）曲折自然，给人以幽静、轻松、活泼之感。

在一些规模较大的园林中，经常将规则式道路与自然式道路相结合（图3-42），主要入口或轴线用规则式突出强调，其余部分用自然式道路设计贯穿全园。

3.4.2 道路设计原则

道路是园林整体设计与构图的重要元素，其功能是否完善、形式是否恰当对园林整体效果起到关键的作用。园林道路的整体设计，应注意以下几个原则。

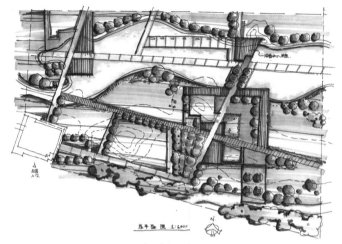

图3-40 规则式道路（文荷君绘）

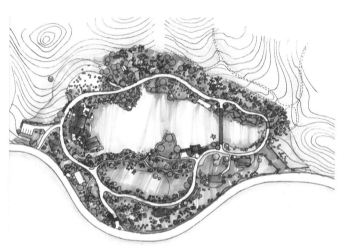

图3-41 自然式道路（曹心童绘）

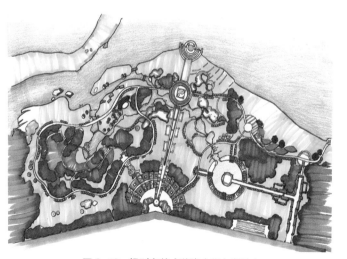

图3-42 规则自然式道路（曹心童绘）

　　① 参照园林道路的分类，道路的功能与分级需明确。如有运输要求，则道路要连贯贯通，宽度适当，不能设置台阶及其他园林小品阻挡。

　　② 道路设计应当与地形巧妙结合，顺应地势而行，有高有低，有曲有直，做到曲折有情。

　　③ 道路间交叉口不能太多。如有叉口，应指示明确，路线引导清晰。

　　④ 主要道路两侧，应考虑游人休憩空间，间隔一定距离设置座椅等设施，但其放置应避免影响通行及运输。

　　⑥ 主路靠近大型自然水面时，不应始终与水面平行，这样会缺乏变化而显得平淡乏味，应根据地形起伏和周围景色及功能的要求，使主路与水面若即若离，有远有近，增加园景变化。

3.4.3　道路表现要点

　　常见的道路铺装形式主要分为整体铺装、块料铺装与碎料铺装等。其中，整体铺装主要分为水泥铺装与沥青铺装；块料铺装主要分为天然石材块料与广场砖块料等形式；碎料铺装包含的范围很多，如碎石、瓦片、卵石等（图3-43）。这些铺装形式在平面或透视表现中，局部主要以线条刻画加合适的色彩平涂为主；如遇到大面积的铺装场地时，尽量不要完全涂死，注意留白，可局部重点刻画，利用明暗、对比、色彩渐变、局部点缀等手法将道路铺装灵活表现。具体的各种表现形式可参照3.3节中心场地设计中各种广场铺装的表现图。

　　在快题考试中，尤其是一些尺度较大的游园、公园类试题，道路的整体表现主要体现在平面图中。表现时，整体的道路系统一般以淡淡的颜色点缀或留白处理为主，使图面看起来通透、活泼，忌色彩浓重灰暗；重点的铺装场地可细致刻画，使其色彩突出。如图3-44至图3-47，主要以滨水游园、公园为主题，其整体道路设计以自然式或自然规则式为主；道路分级明确，规划较合理；道路表现线形流畅，活泼；颜色处理恰当，使图面效果清新、自然。

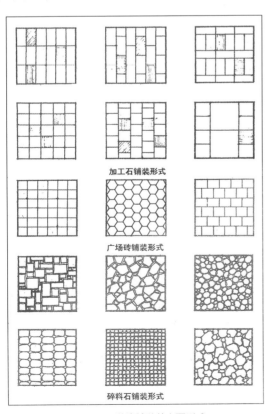

加工石铺装形式

广场砖铺装形式

碎料石铺装形式

图3-43　道路铺装的主要形式

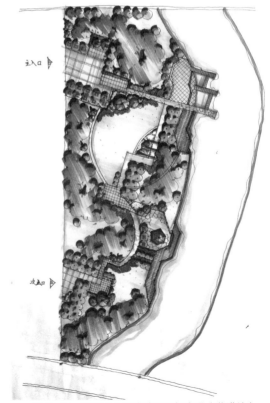

图3-44　平面图之道路铺装局部表现（莫濛绘）

图 3-45　局部透视之道路表现 1

图 3-46　局部透视之道路表现 2（李秋晨绘）

图 3-47　局部透视之道路表现 3（李秋晨绘）

3.5　植物设计

　　植物设计是风景园林快题设计重要的构成要素，无论在功能与构图中都起到重要的作用。尤其在平面图中，植物元素所占比重很大，植物的配置与绘图效果往往决定了图面整体的表达与设计效果。

3.5.1　植物平、立面的线条练习

　　园林植物的平、立面，是根据植物的形态特征进行抽象化的表达。常见的园林植物平面线条画法主要包括阔叶植物类（图 3-48）、针叶植物类（图 3-49）及绿篱、灌木丛（图 3-50）等；立面画法主要包括简单抽象的树型（图 3-51）、较复杂树型（图 3-52）、绿篱（图 3-53）等。同时，植物大小应根据植物的种类按冠幅成比例绘制（见表 3-1）。

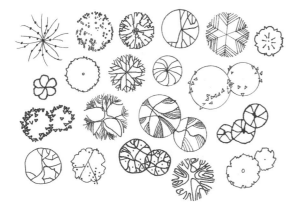

图 3-48　园林植物平面线条练习作品——阔叶植物

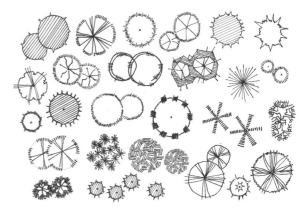

图 3-49　园林植物平面线条练习作品——针叶植物

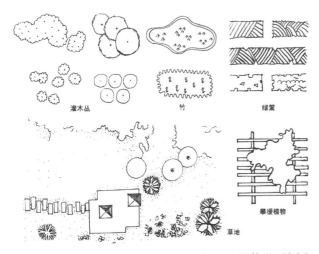

灌木丛　　　　竹　　　　绿篱

草地

图 3-50　园林植物平面线条图例——灌木丛、绿篱等（王媛绘）

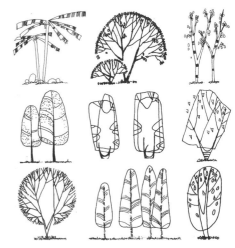

图 3-51　园林植物立面线条图例——简单抽象的树型（王媛绘）

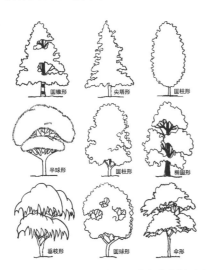

圆锥形　　尖塔形　　圆柱形

半球形　　圆柱形　　椭圆形

垂枝形　　圆球形　　伞形

图 3-52　园林植物立面线条图例——较复杂的树型（王媛绘）

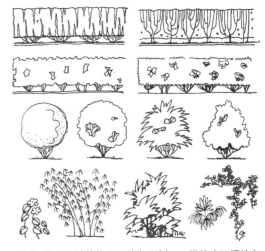

图 3-53　园林植物立面线条图例——绿篱（王媛绘）

表 3-1　不同植物树冠冠幅分类　　　　　　　　　　　　　　　　　　　　　单位：m

树种	孤植树	高大乔木	中乔木	常绿乔木	小乔木	灌木	绿篱
冠幅	10～15	5～10	3～7	4～8	2～3	1～3	1～1.5

3.5.2　马克笔、彩铅植物画法练习

　　在植物平立面线条练习的基础上，可进行马克笔、彩铅练习。重点掌握运用 2～3 种同色系颜色（如：黄绿、草绿、墨绿三种搭配；浅黄、土黄、熟褐三种搭配等）从浅到深，形成植物在太阳光下从高光到阴影的自然变化。在立面图和透视图中，树枝分叉不能太集中，缺少变化，应该有左右的秩序性，并要逐渐往外扩（图 3-54）；植物的色彩明暗表达上亮面可以大面积留白，阴影也不应完全涂黑，里面也应该有亮的部分，但面积不宜过大；用钢笔表现植物的明暗关系时，从亮到暗逐渐增加线条密度（图 3-55）；要有主次之分和近中远的表达，在表达上要注意突出前景树，并画出其明暗关系，背景树可简单平涂或虚化处理，小型花灌木局部可用艳丽颜色作点缀。

　　练习时可先从单棵树（图 3-56、图 3-57）的画法开始，逐渐过渡到三五棵的树丛（图 3-58）练习。图 3-59、图 3-60 表达同一场景。

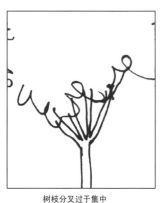
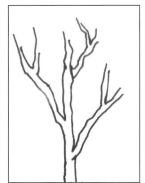

树枝分叉过于集中　　　　　　　　树枝分叉具有秩序性

图 3-54　园林植物树枝分叉表现

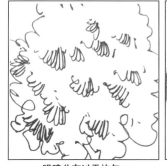

明暗分布过于均匀　　　　　**明暗分布符合实际**

图 3-55　园林植物明暗表现

图 3-56　植物单体平面马克笔练习作品

图 3-57　植物平面彩铅练习作品

图 3-58　树丛平面马克笔练习作品

图 3-59　植物立面马克笔练习作品 1（陈兴绘）

图 3-60　植物立面马克笔练习作品 2（付晨曲绘）

3.5.3 植物种植形式练习

在对单体及局部植物组合形式进行练习后，还需掌握植物的种植形式在整个场地的应用。植物的配置形式是场地空间构成的重要元素，并可创造出场地中的开敞空间、半开敞空间和私密空间（图3-61、图3-62）。在种植形式上（图3-63），可分为规则式种植与自然式种植两种。

图3-61 由植物限制围合的私密空间（丁连威绘）

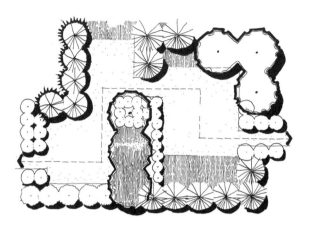

图3-62 由植物围合的连续空间（丁连威绘）

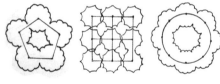

图3-63 植物的平面种植形式（王媛绘）

规则式种植多用于轴线以强调空间，如入口广场、行道树、规则式场地的植物配置。图3-64为局部空间规则式种植的几种形式；在面积较大的轴线上，规则的植物也起到加强轴线，协调空间感受的效果（图3-65）。

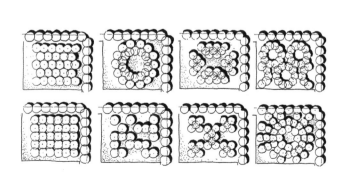

图3-64 局部空间规则式种植的几种形式（丁连威绘）

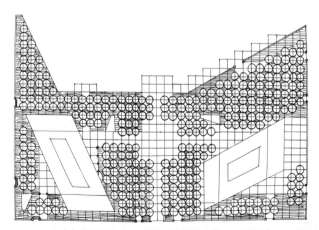

图3-65 "喷泉水景园"大面积规则式种植（丹.凯利设计，王媛绘）

自然式种植更能表达空间舒展、活泼的气氛，常运用于不规则空间或自然流线型园路两侧。其植物搭配更为灵活、丰富，多三五成群，但需注意在植物配置上忌过分散乱，同一种类可多棵集中布局（图3-66）。对于大面积自然式种植，在快题设计时不必要棵棵仔细描绘，画出林缘线即可（图3-67）。在种植设计中，无论是自然式还是规则式，都要依据场地的性质与整体形式来设计，力求空间的协调统一（图3-68）。

在对植物配置局部空间进行练习后，可选择一些尺度较小、以绿地及植物种植为主的场地做整体的植物配置与画法练习。通过整体练习，可以更全面地把握植物综合表达的要点。从植物要素来看，一般应遵循以下几点原则。

①颜色上，草地、地被、灌木、阔叶植物、针叶植物这几大类植物从浅到深逐级变化；

②植物整体应色调一致，局部少量植物可用对比色调突出、点缀；

③局部空间边缘（如草地边缘、建筑边缘墙角等）可略加深；

④单棵及单片树丛需注意明暗变化；植物整体光影效果应一致。

略显散乱的植物布局

集中配置的植物布局

图3-66 两种自然式种植形式比较（丁连威绘）

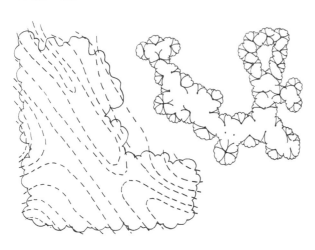

图3-67 大面积自然式种植（王媛绘）

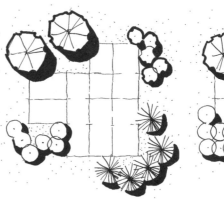

植物没有很好的结合场地形式　　　　　植物突出强调了场地形式

图3-68 植物与场地的关系（丁连威绘）

图3-69中植物的平面表达有待继续练习，许多植物的光影效果都有相互不一致矛盾的地方；图3-70线条流畅，植物整体色调和谐，局部颜色有对比，效果突出；图3-71乔灌木色彩搭配简练，表现手法简捷。

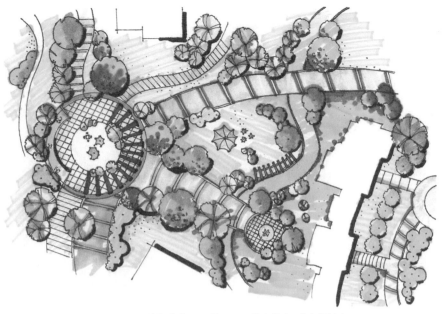

图 3-69　植物整体配置练习——学生作业 1（张超绘）

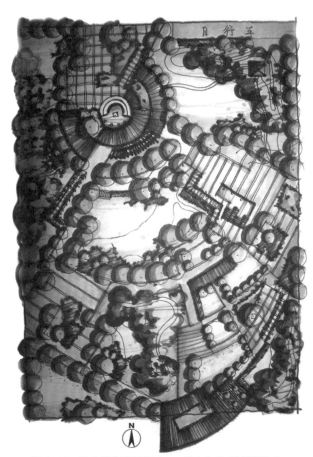

图 3-70　植物整体配置练习——学生作业 2（逯璐绘）

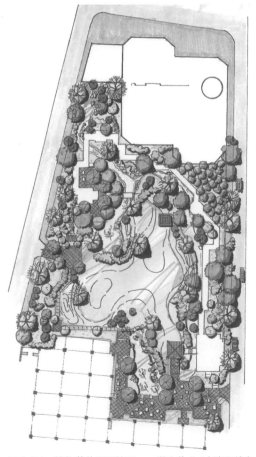

图 3-71　植物整体配置练习——学生作业 3（陈兴绘）

3.6 水体及山石的表达

水体与山石是园林中不可缺少的部分。水体与山石的表达往往是设计图中重要的点睛之笔。

3.6.1 水面的表现

水面的表现主要是在线条的基础上利用色彩直接表现。

用线条表现时，可将水面的波纹、水纹纹理感画出；可以用直线，也可以用各种曲线；构图时，水纹线可以较均匀地布满整个水面，也可以局部画些线条，根据明暗变化，线条一般重点分布在水面边缘处，其他地方可适当点缀（图3-72）。

不规则水面的平面图，可以用线条将水面的等深线画出。具体画法是根据驳岸的坡度，将最外缘的岸线加粗，内画2~3根不同深度的等深线（图3-73）。这种画法的好处是可清晰的表达岸线的深度与情况，同时等深线也增加了画面的表现力。

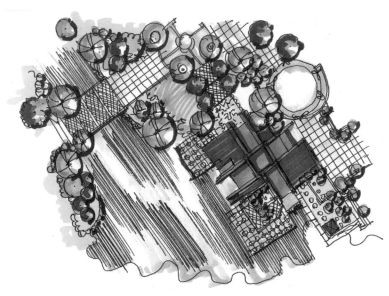

图3-72 利用线条局部点缀水平面（段佳佳绘）

图3-73 利用等深线表达水面（逯璐绘）

利用色彩表现时，可由简到难逐渐练习。先利用彩铅或马克等进行平涂练习和边缘略深中部略浅的渐变练习（图 3-74）；而后根据自己的特点，逐渐练习带有夸张点缀色彩的笔法（图 3-73），以及更复杂的表现（图 3-75 ～图 3-78）。图 3-76 利用马克表现水面的波纹质感，手法娴熟，并用白色荧光笔点缀出波光粼粼的效果，值得借鉴。

3.6.2 山石的表现

图 3-74　水面的马克表现 1（时一忱绘）

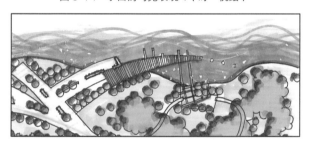

图 3-76　水面的马克表现 2（李秋晨绘）

图 3-75　水景的马克表现 1（曹心童绘）

图 3-77　水景的马克表现 2（程雅怡绘）

图 3-78　水景的马克表现 3（冯烜绘）

练习山石画法时要从其形状、纹理、色泽等入手进行刻画。石材的分类众多，园林中常见石材主要分为天然石材与加工石材（图3-79）。天然石材主要包括太湖石、黄石、青石、石笋等，常用于假山及园林小景之中；加工石材形式较为规则、统一，常用于点景及道路铺装等。

在画法方面，要先从石块的轮廓及线条入手，把握石材的形态与纹理。平立面中，除轮廓线以外，要画出纹理线（图3-80）。透视图中，根据受光面不同，暗部纹理线条加深，并用色彩强调（图3-81）。

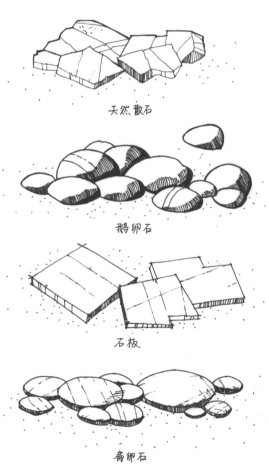

图 3-79　石材的主要分类（杜红娟绘）

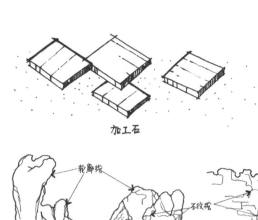

加工石

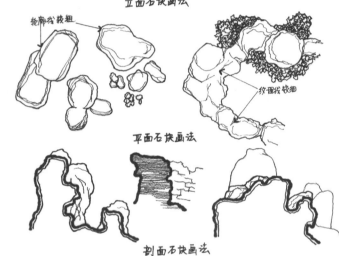

立面石块画法

平面石块画法

剖面石块画法

图 3-80　石块的平立剖面表示（杜红娟绘）

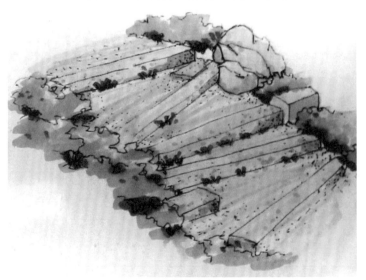

图 3-81　石材表现（冯烜绘）

3.6.3 综合表现

在依次练习水体及山石表现后，可结合植物素材进行综合练习（图 3-82 ~ 图 3-84）。

图 3-82　水体及山石综合表现 1（程雅怡绘）

图 3-83　水体及山石综合表现 2（程雅怡绘）

图 3-84　水体及山石综合表现 3（曹心童绘）

3.7　景观小品表达

　　好的景观小品与其他园林要素结合在一起，能非常好地体现出设计的特色与风格。一般来说在快速设计中，景观小品表达主要包括景观建筑小品：如亭、台、楼、阁等；景观设施小品：雕塑、花架、座椅、树池、指示牌、灯具、垃圾桶、健身与游戏设施等。在练习时可先将景观小品分类，从个体表现着手，逐渐过渡到综合表现。

3.7.1 个体景观小品的表现

在进行个体景观小品练习时，需要注意以下几个方面的内容：

① 在满足功能要求的基础上，突出设计特色，考虑到视觉的美感以及文化的传承。这种特色体现在景观小品对它所处区域文化的符号表达、材料与制作工艺的表现等。因此在日常练习时要注意素材的收集。

② 将景观小品进行分类，对每一个类型收集 3～5 种常见的不同形式，逐一练习，从简单的线条刻画过渡到色彩搭配。对于景观建筑小品除透视的效果形式练习外，在快题中有时也要结合其立面及剖面的表达（图3-85）。

图 3-85　亭桥立面表现

③ 在快题中进行个体表现时，要着重个体的整体表现，突出重点而不拘泥于细节，在最短的时间充分表达景观小品的设计意图（见图 3-86 至图 3-88）。

图 3-86　雕塑表现（冯烜绘）

图 3-87　景墙表现（程雅怡绘）

图 3-88　置石表现（牛琳娜绘）

3.7.2　综合表现

对个体景观小品充分练习后，可将小品周边环境加入综合表现。这种综合表现以小场景的局部效果透视图为主。在表现时需要注意以下几点。

① 场景的综合表现包括景观小品、道路、植物、人物、地形环境等诸多要素，要将这些元素充分结合在一起形成整体。表达时注意元素间的关系，尤其是透视关系要正确。

② 在综合表现的整体中，突出景观小品的主体性，分清主次；图面表达时也要有明确的层次关系，如重点刻画主景，简练表达背景。

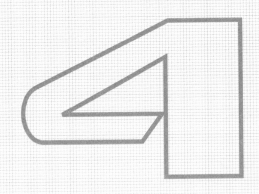

CHAPTER

第 4 章　风景园林快题设计图纸内容

图纸内涵

图纸分说——分析图

图纸分说——总平面图

图纸分说——剖面图、立面图

图纸分说——效果图

图纸分说——文字说明

图纸分说——图面排版与设计

各项图纸间的内容联控

4.1　图纸内涵

　　风景园林快题考试的展示方式以图纸为主，一般来说完整的图纸由分析图、总平面图、剖面图、立面图、效果图、文字说明五个部分组成，并以完整的平面版式对其设计内容进行解读梳理，做到平面版式正确、均衡、美观，这才算完成了快题设计的全部内容。因此图纸的规范性、可读性与美观性是快题设计的重要要求。

　　很多人认为：线条帅气、色彩明净是应试快题设计的佳作。事实上，在专业设计者看来，快题设计一方面考察了设计者本身的手绘素养；另一方面，同时也是最为重要的一点，考察了设计者对场地本身状况的解读与场地特色挖掘的空间处理能力。因此说，场地的空间处理能力是作为一位专业设计师最为基本的能力，而手绘的表现是作为次要方面而展现的，两者是相辅相成的关系。换言之，如果设计者的场地空间设计再好，手绘的表达一塌糊涂也是不行的。

　　一般来说，风景园林快题设计的方案表达就是从设计草图到平面图再到分析图、立面图（或者剖面图）的过程，最后配以效果图（透视图、鸟瞰图）以及部分的文字说明。在这一过程中，设计思维从概念结构到平面形态以及进一步的空间组织是一个循序渐进的，需要严谨、准确而快速的空间推演，这才是风景园林快题考试的核心内容。成熟的设计者会在短时间内形成设计概念并通过图纸展现，优秀的图纸能深刻地表达出设计者独有的空间意识和个人的风格特征，所以说快题设计的图纸绝不是简单的线条与色彩的堆砌。

4.2　图纸分说——分析图

　　分析图实际上就是对设计场地的空间形成过程的推演。一般来说可以在相对较小的比例尺下进行，它是场地设计分析的过程，多以草图形式体现，但必须具备可识别性与可读性。同时，它常常是对场地现有用地条件的分析、整理与归纳，一般可以从设计场地的区位、交通、视线、竖向以及功能属性等五个方面进行，此外如果时间允许，尽可能联系设计主题进行场地设计的形态定位，从而形成平面的基本布局。

　　分析图的表达方式类型多样（图 4-1 ～图 4-3），可以为平面图、透视图、剖面图或者细部图甚至是结构图，常规的分析图一般多采用平面图示意，是介于草图与正式平面图之间的一个设计环节，集中反映了设计师短时间内对场地已知条件的空间分析能力与处理能力。快题考试中的分析图在很大程度上反映着应试者的方案水平。因此分析图特别强调的是场地构思与表达的设计思考性而非艺术性。以下是上海辰山植物园设计过程中的分析图纸（图 4-4 ～图 4-6）。

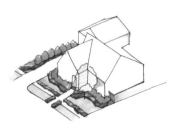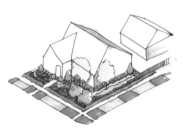

图 4-1　分析过程中不同设计方案的比较（曹心童绘）

图 4-2　构思分析图（彭历绘）

图 4-3　局部剖面的分析图

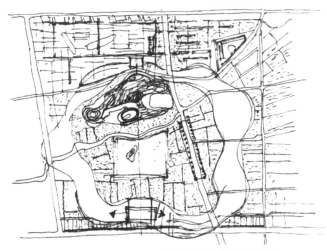

图 4-5　上海辰山植物园的概念设计草图（同上）

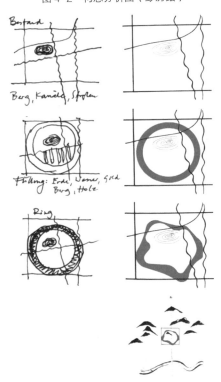

图 4-4　上海辰山植物园的概念分析草图
（引自 Neuer Botanischer Garden Shanghai）

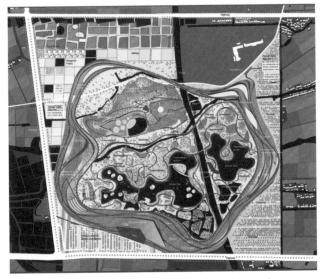

图 4-6　上海辰山植物园的设计总平面（同上）

在快题设计中，分析图主要表现为场地现状分析、空间结构分析、道路系统与节点分析三个切入点。

① 场地现状分析图包括场地内与场地周边两个方向的分析，最后进行综合分析。场地的周边现状分析包括用地性质、人流交通、空间密度、空间导向、日照风向等的分析；场地内部的现状分析包括空间性质、地形竖向、植被类型、土质情况、水体形式（如果场地内部具备）等的分析。通过场地现状的外部条件与内部条件的综合分析，整合得出空间整体形态的概念构想（图4-7）。

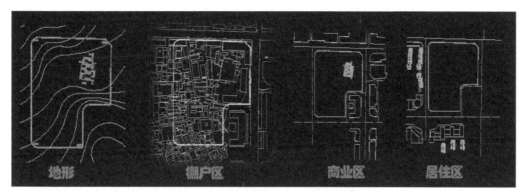

图4-7 场地高程、肌理、建筑环境分析

② 空间结构分析是基于现状分析的进一步空间构形分析。图纸内容主要是体现出场地空间的区块划分，通常是以若干条"控制线"把规划设计场地划分开来，体现出不同场地空间类型。

③ 道路系统与节点分析则是基于空间结构分析进一步确定不同场所空间的核心节点，并以道路的动线方式进行衔接。节点的预设与道路的衔接基本上要以"控制线"为依据，如果可能甚至可以确定出道路的空间宽度以及节点的面积规模，进而赋予类型空间更加明确的功能属性与主题特征（图4-8 ~ 图4-11）。

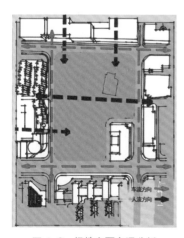

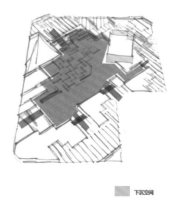

图4-8 场地主要交通分析　图4-9 场地主要活动类型分析　图4-10 场地主要空间分析　图4-11 场地竖向空间分析

三类分析图之间是有着思维由模糊到清晰的演变过程的，很多内容是概念草图的体现，但分析图绘制一定要简明凝练，线条肯定，使其具备明确的可识别性，这是与概念草图的不同之处，它们是总体平面形成的思考过程，也是最终形态的设计依据。

4.3 图纸分说——总平面图

总平面图（图 4-12）是用以表达一定区域范围内场地设计内容的总体面貌，反映了园林景观环境各个部分之间的空间组合形式与空间规模。总平面图具体包括以下内容。

① 表明规划设计场地的边界范围及其周围的用地状况。

② 表达对原有场地地形地貌等自然状况的改造内容与增加内容。

③ 在一定比例尺下，表达场地内部构筑物、道路、水体、地下或架空管线的位置与外轮廓。

④ 在一定比例尺下，表达园林植物的空间种植形式与空间位置。

⑤ 在一定比例尺下，表达场地内部的设计等高线位置及参数，以及构筑物、平台、道路交叉点等位置的竖向坐标。

一般而言设计总平面图中，面积 50 hm² 以上，比例尺多用 1：2000 ~ 1：5000（此种规模在应试的风景园林快题设计中较为少见）；面积在 10 ~ 50 hm² 左右，比例尺多用 1：1000；面积在 5 ~ 8 hm² 以下，比例尺多用 1：500；面积在 5 hm² 以下，比例尺一般采用 1：200。针对不同比例尺度的图纸，总平面的精细程度也有所不同，一般来说在总面积小于等于 10000 m² 的总平面中，除了上述五项内容之外，还要包括构筑物的具体范围与平面空间形态、照明布局、小品设施、铺装纹样、乔木灌木以及地被的配植情况等综合信息。

在快题考试中，总平面图是最为重要的图纸。它集中表达了设计者的场地构想，相对于立面图、剖面图、效果图更具有核心意义。通过总平面图，阅读者可以直接且完整地理解设计者的空间整体架构。因此总平面图制图的优劣直接影响到卷面的整体分数，一般而言总平面图会占到总体成绩的 30%，甚至更多。

4.3.1 场地边界与周边

场地边界与周边环境有着互为承接的空间逻辑关系，总平面中除了标识出规划的范围红线，还要从功能角度确定场地与周围环境的关系，包括场地的出入口（主要入口、次要入口或者专用

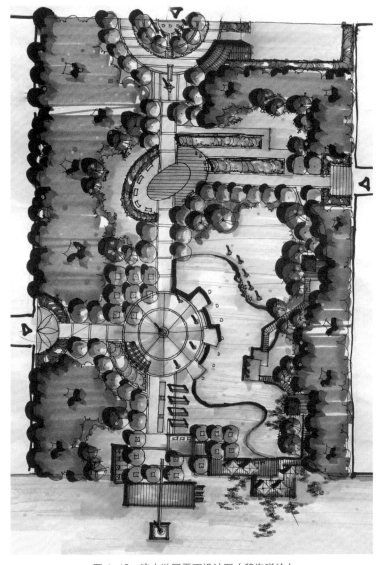

图 4-12　滨水游园平面设计图（魏海琪绘）

出入口）与场地周边环境的关系，开放、围合或者介于二者之间。此外，还要包含场地主要出入口的位置、面积、空间处理形式（完全开放的边界处理除外，一般指广场设计、建筑附属绿地等），以及出入口内外广场、停车场等（图4-13、图4-14）。

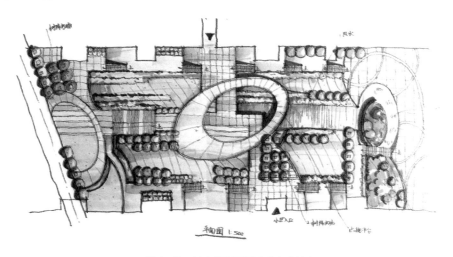

图4-13　某广场平面图（曹心童绘）

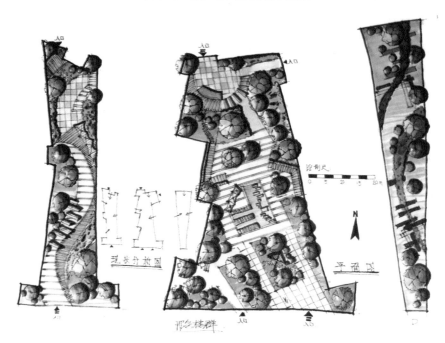

图4-14　楼间绿地景观设计平面图（陈莹宝绘）

4.3.2　场地道路

场地的道路设计是联系整个场地，组织其内部交通的唯一途径，同时，通过道路设计可以使静态的景色"流动"起来。在快题考试中，道路设计主要表达两个方面的内容：道路分级与场地连通。

通常在场地设计中道路是以系统的方式出现。绘制总平面图时，要把分析图中的交通流线分析进一步空间化，明确划分出主要道路、次要道路以及支路（广场设计除外），并标注伴随出现的集散广场、小型停留点或景点等。通过道路系统使得场地空间相互衔接，形成整体。

一般而言，道路边线用双实线标识，线条宽度多为主路最粗，次路次之，支路最细（图4-15）。

图4-15　美国纽约展望公园总平面，设计中道路的分级系统清晰明确

4.3.3　场地竖向

场地竖向设计常见有两种表达方式：等高线法和高程标注法。也有些设计题目专向于高程设计，必要时需要二者结合，这主要取决于场地本身的地形状况。也有一些设计题目在平整的场地中引入地形进行设计，以地形塑造作为设计主体，形成空间。

等高线法是最为基础的形式，它主要是以某个参照水平面为基本面（±0.00），假以一系列等距离的水平面切割地形后获得的正投影闭合线的表示方法。绘制等高线最为重要的一点是所有等高线均要闭合，只有遇到挡土墙等构筑物或者相对陡峭的垂直面才会断开或相交，设计等高线的等高距在0.25~0.5m之间，一般山体、水体等多用等高线法。

高程标注法比较直接，一般是在关键点用十字或者圆点标注该点的标高，一般标注该点到参考面的高程，数字精确到小数点后两位。经常标注点为构筑物室内外、道路交叉口、池底、岸底、池顶、岸顶等。通常情况下标高标注均以米为单位。

此外还有一种情况是在场地中引入大体量实体地形作为空间分割或者观赏造型，此时多用斜面、脊线，或者斜面坡度来表示该实体地形的竖向关系。

4.3.4 场地植物

    总平面图中的植物设计标识主要体现在空间的塑造上。植物设计是空间形成的一个重要组成，需符合整体布局上的空间逻辑要求，而不是总平面图的空间点缀。

    对于比例尺大于等于 1∶500 的图面则需要对植物进行单株标识，但只要表现出乔、冠、草三个层次的植物种类与基本配置形式即可，同时也可以用色彩的变化表达植物季相的不同，不做园林植物品种、规格、数量、苗木表等详细内容要求（图4-16）。一般情况下，在比例尺小于 1∶1000 的图纸上只要标识出植物的空间形态与边界即可，同时以不同色彩区分植物的季相变化以及疏密种植形式（图 4-17）。

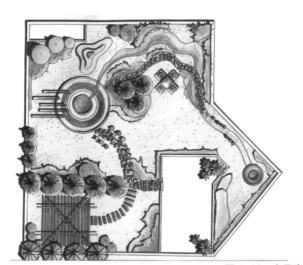

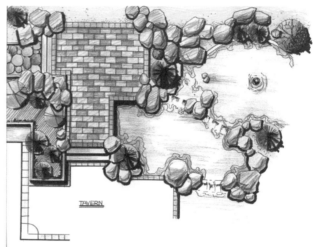

图 4-16　小尺度庭园环境平面图（武少雄绘）

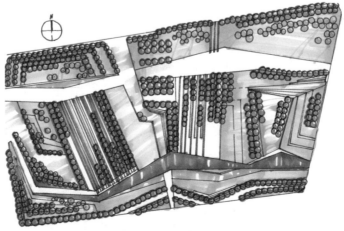

图 4-17　规则式的植物种植表现（曹心童绘）

4.3.5 其他

比例尺、指北针、风向标、等高线、图例、图题等都需要在图中标识出来，这些项目均作为分值体现在最终成绩中（图4-18）。

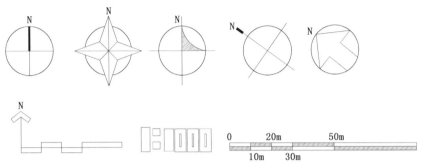

图4-18 常用比例尺画法

此外，建议在总平面中添加平面标注。它既是完善设计思考的重要环节，也是反映设计图纸成熟度的重要指标。在平面图纸绘制中，均匀、美观、准确、清晰的平面对象标注，不仅能够加强阅读者的理解，也是平衡版面的重要元素。一般需要标注的信息有：场地用途、构筑物名称、场地标高、道路坡度与坡向等。图纸标注一般有四种方法：直注法、近注法、引线法和图例法。

■ 直注法——直接标注设计对象内容有关信息。这种方法直接简单，但标注内容简洁明了，不会影响到设计内容的识别（图4-19）。

■ 近注法——在靠近图纸对象的外缘进行标注，多用于立面图、剖面图。此方法一目了然，方便阅读（图4-20）。

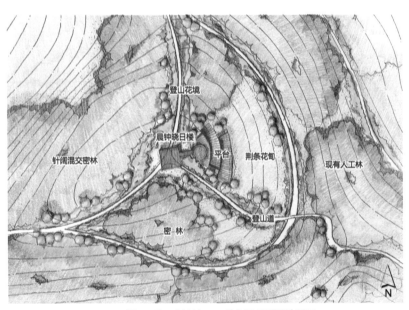

图4-19 直注法——某公园景区设计平面

图4-20 近注法——某住区入口大门标准示意（杜静涵绘）

■ 引线法——把设计内容用引线引出，并排列标注出对象内容。此种方法多见于设计内容丰富复杂的总平面中，由于标注内容在图目内容的外缘而且较分散，所以不干扰图面的整体效果。经常在引线中标注出场地的名称、内容等，也有对主要设计的简短说明，有助于强调设计节点等重点内容。切忌标注混乱模糊，引线交叉，文字行与行之间交错不对齐，所有的字体都是图面组成的一部分，一定要工整严格地与总图互为补充，形成均衡构图（图4-21）。

■ 图例法——把在图目中对重要节点与设计内容编号，在空白边缘处按编号排列所示名称与内容法。此种方法也多见于总平面的标注中，特别是设计内容集中的平面图中。但此种方法图释性较其他方法弱，耗时长，所以不建议在快题考试中大量使用（图4-22）。

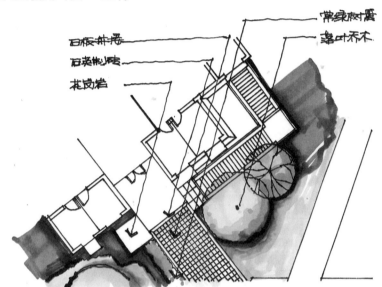

图4-21　引线法——某住宅环境平面（杜静涵绘）

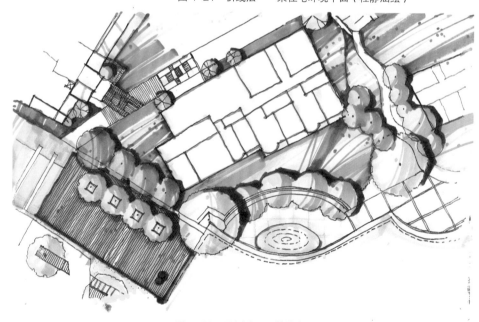

图4-22　图例法——某住宅小区平面（曹心童绘）

4.4 图纸分说——剖面图、立面图

立面图、剖面图是对场地设计内容的进一步诠释，反映主要设计内容的立面形态与空间层次。剖面图（图4-23、图4-24）能进一步体现出内部空间布置、层次逻辑、结构内容与构造形式。通过对立面或者剖面的解读，阅读者能建立竖向高度上的空间概念以及不同高度空间平面上的衔接关系。在设计思维中，绝大多数人习惯于且依赖于平面整体结构的梳理以及流线的分布与整合，但事实上，作为一所空间的表达它不是二维的，而是有着空间竖向上的三维特征。在很多情况下，尤其是竖向高程变化较为明显的或者以地形整合为主体设计的园林空间，立面图与剖面图是验证平面结构是否合理，空间尺度是否合适，验证主体空间与次要空间的主从关系、虚实关系、整体轮廓控制等细节的设计内容的方法。

在图纸表达过程中，剖面图与立面图要绘制出以下内容。

图 4-23　某游园剖面图（邓冰婵绘）

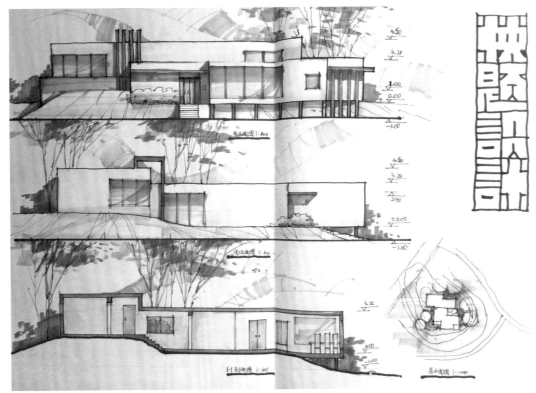

图 4-24　某园林建筑剖立面图（曹心童绘）

■ 外部轮廓：图纸中要绘制出基底界面与天空界面的分界线。地形立面和剖面用地形剖断线或物体轮廓线表示，水面、水池要绘制出水位线以及池底线，构筑物画出建筑轮廓线，植物画出植物轮廓线，如若比例较大（1：200以上）要绘制出植物的植株形态，以上内容均要符合风景园林制图标准。剖面要绘制出剖切的下层空间内容、衔接方式、甚至简单的工程做法。

■ 位置关系：立面图、剖面图是立体的，尽可能表达足够深远的空间层次。立面上除了要准确表达不同高程位置上的设计内容，同时要在前景、中景、背景三个空间层次上表达出立面、剖面的空间关系。设计中往往通过植物、天空、水体等不同元素进行整体性立面、剖面图纸的综合表达，使得空间层次更加立体。

■ 造型尺度：要准确生动地表达出不同景观要素的形态特征与色彩特征，一定要关注尺度上的比例关系。在表达中，可以根据设计的具体情况具体分析，在立面、剖面图中加入更加细节的立面空间处理形式或者植被组织，使得主体空间更加完善丰富。

最后，在绘制立面、剖面图的时候，必须要与剖切符号所示方向一致，尽量选择与总平面图一致的比例进行绘制，以减少比例换算的时间。如果时间充分，亦可结合尺寸加入文字标注与解释，图名与比例尺标注要清晰列于图纸中心正下方。

4.5　图纸分说——效果图

一般情况下，风景园林快题设计中以两种类型的效果图最为常见：鸟瞰图与人点透视图。这两类图纸的主要绘图差别在于绘图视点的不同，表现内容也随着视点的差异从空间整体转向空间局部。

在风景园林快题设计中，对效果图表达方式选取要以解释设计构思、模拟建成环境为目的，要符合总体设计的平面空间需求。因此在动笔之前首先要理清思路，在选择表现主体、透视角度、视点高低、整体构图等方面要有明确的安排。在表现内容上，要选取最能体现设计特色的景观场景与空间类型，主体核心部分在线稿图中就应详细表达，周边配景或者远离构图中心的部分尽量少线条，轻表现。整个图面色彩选取也尽量选择同类色系，补色比例差要大。譬如：一般的园林景观图纸中绿色作为核心色出现，种类最多，色彩最为丰富，那么与之相补的红色系出现在画面的面积就一定要有效控制，起到提升强调的作用即可。整体上，色彩控制从画面中心到周边，要由繁到简，由深至浅。这样一方面可以突出主体，表现出图面控制的轻重缓急，另一方面也节省了绘图时间。

（1）人视透视

人视透视图一般把视点定在 1.5～1.7 m 之间，常用的透视图一般以平行透视（一点透视）与成角透视（两点透视）为主。人视透视图的好处在于它最接近于人眼视角，是人眼视线的延伸，因此图面表达更为真实。相较两点透视，一点透视较为简单，成图迅速，但表现的场景也要比两点透视少得多，多用于表达轴线式布局的场地。两点透视则表达了两个方向的空间内容（图 4-25）。

（2）鸟瞰图

鸟瞰图（图 4-26）是表达整体设计格局与内容的图纸形式，视点往往远高于正常人体尺度的视点高度，成图原理与成角透视相同，只是根据表达不同，具体视点高度选择不同，因此就有了局部低视点鸟瞰和完全高视点鸟瞰之分。鸟瞰图的空间绘制处理可以采用两点透视，也可以采用三点透视，这取决于设计者要表达的内容主体，三点透视的鸟瞰图更具视觉冲击力，气势更加磅礴。

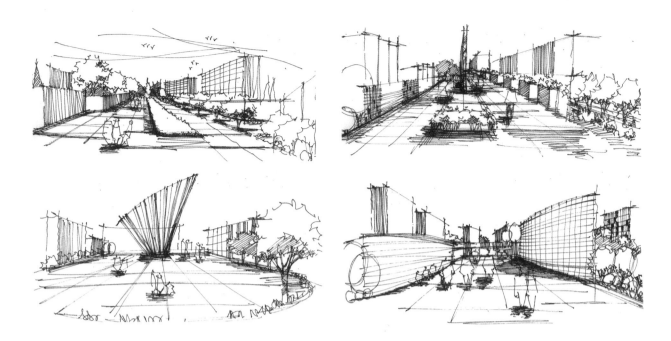

图 4-25　两点透视局部效果图表现（王予芊绘）

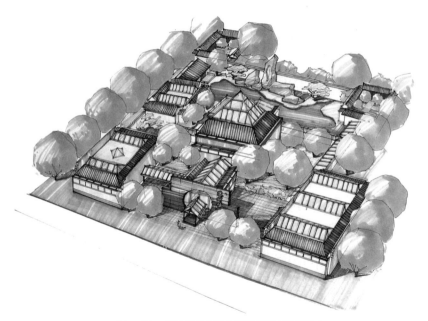

图 4-26　某园林博物馆鸟瞰图表现（彭历绘）

4.6　图纸分说——文字说明

　　文字说明在快题设计中是必不可少的一部分，很多同学往往忽视了文字的重要性，实际上在评分过程中，文字说明占有一定的分值比例。简短的文字可以传递相当丰富的设计信息。一般在文字说明中要表达出以下信息：设计的依据、原则、目标以及空间的组成特色与风格特征，同时对于复杂地段要提出空间的解决方案与技术问题等。设计说明是文字内容的组织，简练明确的说明对于阅读者有着重要的方案提升作用，但是组织语言时切忌大话、套话、空话，要切实肯定地表达个人的创作主旨与空间特色。

4.7 图纸分说——图面排版与设计

在风景园林快题设计中，给阅读者第一印象的便是图面的整体效果，即图面版式。事实上，设计的整个过程就是一个完整的体系，图面版式考核了设计者平面要素的组织能力与版面的平衡能力。

那么如何在统一的图纸平面里安排各类图目等要素呢？版式设计的目的是为阅读者服务，正确的传递信息是第一要旨。因此第一要求是图面的清晰与完整。在绘制各项类型图（标题、分析图、总平面、立面、剖面、效果图以及文字说明等）之前就应该画好控制线，确定各类图的位置，忌繁缛的边线处理，喧宾夺主。版式设计一般要做好以下的细节处理。

①总平面图应位于图纸的核心位置，可以在其下方安排立面图或剖面图，以便在统一的比例下进行。

②所有的立面图、剖面图、平面图都应在垂直方向上对齐，如有可能尽量在水平方向上也对齐。

③分析图采用小比例，应以序列的方式与占图纸空间较大的图纸找寻垂直或水平方向的联系。

④效果图往往作为视觉的核心，切忌绘制面积过小。

⑤绘制设计图以前，安排确定文字说明的平面空间，要有严格的边界控制，可将其作为"图形"处理。

⑥标题一定列于图纸的上方，字体选择不应过大，控制边界然后填写。

⑦指北针、比例尺、图题、图例均要标识清晰准确，缺一不可。

⑧快题设计中，如果有两张或者两张以上的图纸要求，一种方法可以按照单张版式进行绘制，标识出图序。另一种方法可以把几张图拼贴成一张，进行整体的版式设计与绘制。

版式空间的安排一方面要满足均衡美观的艺术性要求，另一方面也要符合人的一般阅读习惯。因此在设计版式时，遵循场地设计方案的形成规律，从概念到形态，从分析图到效果图，版式安排也应该由上至下，由左至右，做到主次分明（图4-27、图4-28）。

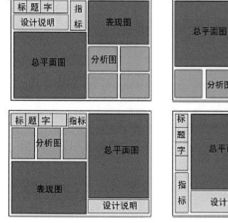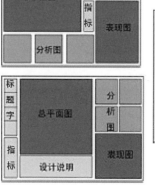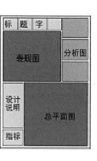

图4-27　常见版式设计

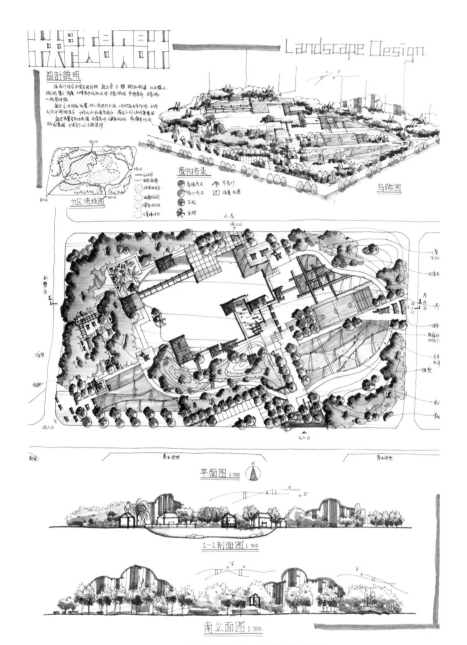

图 4-28　图纸排版紧凑、规整（郑彬绘）

4.8　各项图纸间的内容联控

　　风景园林的快题设计是一个动态思维分析过程的体现，作为设计实践，它绝对不是最终的呈现形态，而是阶段性的成果，因此，快题设计中万不可陷入到"精确"的图示表达中，图面的完整性才是最为重要的。

　　其次要让各图目以多重视角展现出设计者的空间设计意图与空间形态特征。只有以整体性的心态组织图目，它们才会共同展现出一个富有空间逻辑的设计方案。

CHAPTER

第 5 章　风景园林快题设计方案推演步骤

任务书内容解读及场地分析

设计灵感的挖掘

概念性草图的绘制

正式图的创意表达

5.1 任务书内容解读及场地分析

风景园林快题考试时，任务书的解读是基础，方案的构思、生成、深化，图纸的表达都基于对任务书的详细剖析。针对快题考试的特点，需要在短时间内掌握任务书最全面和最关键的信息点。风景园林快题考试的任务书通常包括以下的主要内容。

5.1.1 区位条件

只有确切了解设计场地所处的位置，周边的用地类型，才能够对方案进行基本的定位和定性。例如，如果场地处于某大城市的中心地带，周边以商业、居住为主，那么场地的设计要求可能是一处热闹的广场或公园（图5-1）；如果场地所处城市边缘地区或郊区，周边以农田、村庄为主，那么可能更适合建造以自然环境为主的郊野公园。

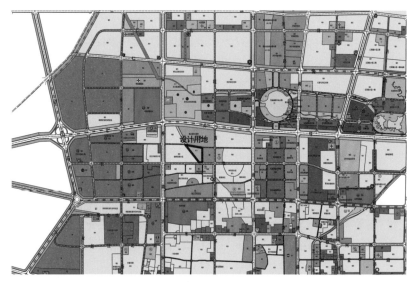

图5-1 设计用地位于山东某新城中心，周边以商业、居住区用地为主

5.1.2 自然条件

自然条件包括设计场地所处的不同的地理环境，包括场地的地形、地势、方位、风力风向、温度湿度、土壤类型、雨量、日照等。风景园林设计本身具有明显的地域性特征，不同的地区自然条件千差万别，所选择的植物品种、地形处理方式、水景的面积等就会有很大差别。例如，北京林业大学2005年硕士研究生入学考试园林设计试题"校园规划与设计"中，明确提出了是地处华北地区，考生在植物种植设计时就要选择适于华北地区生长的植物品种。同时，除非场地本身地处水域，水景的面积以小为宜，因为北方的水资源相对匮乏。

5.1.3 场地条件

掌握区位条件和自然条件后，需进一步对任务书进行详细解读，以掌握具体的场地条件。场地条件包括两个层面，周边环境的详细情况和场地内部的现状情况。周边环境包括场地周围好的、可利用的景物，不好的、需要遮挡的景物，周边建筑的造型、风格，空间距离、人流方向，维护管理情况，交通情况等，对周边情况的详细解读和把握，有助于合理安排场地的功能布局和空间布局，是方案设计的重要依据。场地内部的现状情况包括场地的红线范围、场地内部的自然条件、使用人群、可利用的资源情况等。在快题考试中，如果能够很好地利用场地内部的优势资源，在现状基础上进行改造设计，将能够大大提高方案的专业性。

在任务书中，场地条件有时是通过文字的形式叙述的，有时是表现在图纸上的，需要设计者仔细读图，敏锐地分析和把握场地的各类条件（图 5-2 ～图 5-4）。

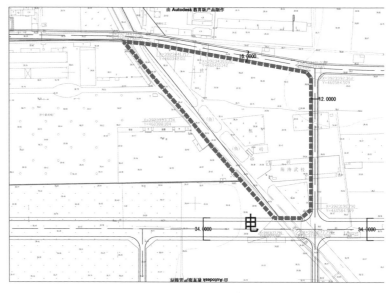

图 5-2　山东某新城中心区城市公共绿地：从现状图中可以分析出场地内部的一些情况，包括场地地形标高，现有建筑、鱼塘、桃树等

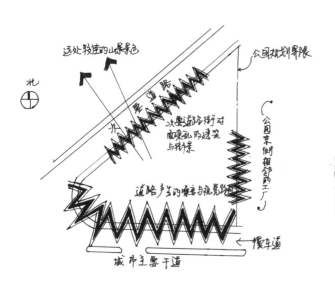

图 5-3　某城市公共绿地场地现状分析（张淼绘）

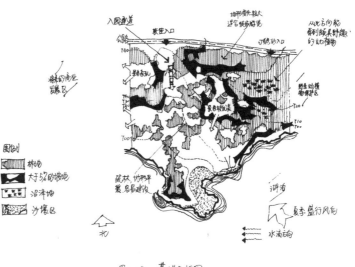

图 5-4　某公园场地现状分析（张淼绘）

5.1.4　人文条件

人文条件是任务书中较宽泛的一类条件，通常不会明确地描述，需要在任务书整体解读的基础上进行分析与把握。人文条件包括历史文化、民俗风情、经济发展、社会制度、教育、娱乐、交通、治安、城市风貌等，这些条件虽然不能直接影响快题设计的方案表达，但却是方案构思、主题确定的基础和思路来源。有效地把握人文条件能够使方案设计更多地展现文化内涵，并使方案的定位更加准确。

5.1.5 设计要求

任务书中的设计要求与快题设计最终成果评定直接相关，通常是对设计的图纸深度、图纸表达方式、图纸比例、尺寸标注、制图时间、图纸成果等做出的详细要求。考生要提前掌握这些要求，有的放矢，才能合理安排时间并避免重复修改。

5.2 设计灵感的挖掘

在任务书的解读及场地分析过程中，考生对设计题目有了全面的把握。在此基础上，需进一步确定主题。在有限的时间内，明确设计主题有利于统领设计的各个步骤，使方案的概念设计与深化设计都围绕某一主题进行；另外，富有创意的主题选择能从诸多的快题设计中脱颖而出，获得良好的第一印象。方案主题的确定需要挖掘设计灵感，灵感的来源有很多途径，下面列举一些快速有效的思考方法。

从历史文化的角度入手，提取具有典型文化寓意的形式语言要素。这一思考角度不仅能够展现方案的文化内涵，又可以很快地确定方案设计的整体构图与布局，使主题与形式环环相扣。

从场地现有自然条件入手，充分利用资源优势，提取场地原有的最具有代表性的景观元素作为设计主题，体现因地制宜，充分改造的设计意图。这一方法在一些面积较大的公园中较常用，例如，利用公园现有的地形环境或水系环境，打造一处田园风光、山水环抱、疏林草地的自然环境等。例如，河北廊坊某迎宾大道的道路节点公园设计，抓住了现状谷地的自然特征，补种各类野生花卉，打造了一处"花溪谷地"（图5-5）。

图 5-5　河北廊坊某迎宾大道的道路节点公园设计（段佳佳绘）

从场地及周边的氛围与风格入手，抓住特殊的环境气氛需求，确定恰当的主题立意。例如，校园环境、居住环境、休疗养环境等是需要特殊的环境氛围来支撑方案的设计，这就需要针对不同的使用人群和环境特征来明确设计主题。

设计灵感的来源有很多，任务书的解读过程中和现状分析过程中都能产生灵感，之前的方案积累也是灵感的源头。考生要在短时间内，快速捕捉设计灵感，完成主题的确定和方案的概念设计，通常要借助于各类图纸以帮助思考，同时，这些图纸也是展现方案设计独特构思的途径（图 5-6 ~ 图 5-8）。

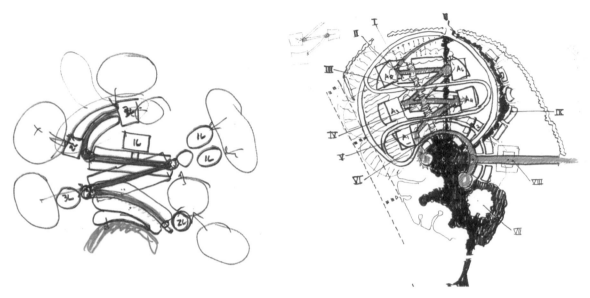

图 5-6 平面草图是方案构思过程中常用的表达方式（引自 You Are Here）

图 5-7 通过局部透视图确定恰当的环境氛围定位

图 5-8 快速的透视图表达，有助于方案空间性质和空间布局的思考

5.3 概念性草图的绘制

概念性草图相对于设计构思阶段来讲，是归纳思维的展现。在设计主题确定之后，需要将抽象的主题形象化，以便进一步应用于方案设计当中。某一个确定的主题概念，通常可以对应多种具体的形象，在这一过程中可能会产生多个初步的概念性方案，需要取舍与对比（图5-9）。

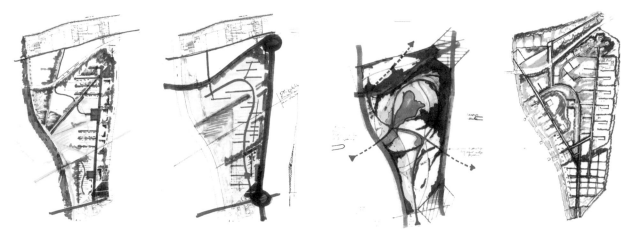

图5-9　方案的推敲与对比（引自 Design Master）

概念性草图虽然表达的是方案设计最初步的概念构思，深度有限，但在整个快题设计的过程中占有重要的位置。它能够展现方案设计的缘由，清晰表达设计思维和逻辑过程。概念性草图不必过多地表达方案的设计细节，应更多地强调方案主题与方案设计之间的衔接性，侧重表达场地的空间布局特征、场地的路网结构、出入口位置、场地设计的整体构图形式等，在整体上控制场地设计的大结构，以便下一步进行方案的局部深化。

概念性草图侧重表达的内容与设计主题是紧密联系的，有些主题与场地自然条件相关，那么概念性草图可选择植物种植结构、水系结构或地形结构来进行表达，以突出主题性；有些主题是与历史文化相关，概念性草图可更多地表现构图形式、道路骨架结构等与主题紧密结合的设计要素（图5-10～图5-13）。

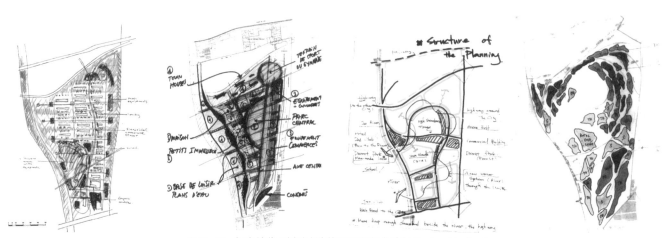

图5-10　概念性草图侧重表达的不同内容（引自 Design Master）

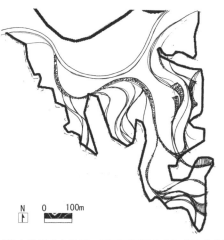

图 5-11　某滨水花园方案构思：平面图是概念草图表达的主要手段，
该草图表达了场地设计的主要形式语言与布局特征

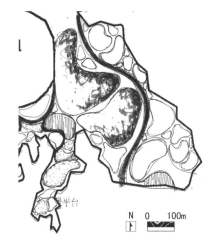

图 5-12　某滨水花园方案构思：该概念性草图重点表达了不同植物
种植方式的分布特征，并由此形成突出的布局形式

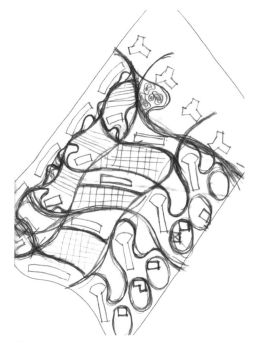

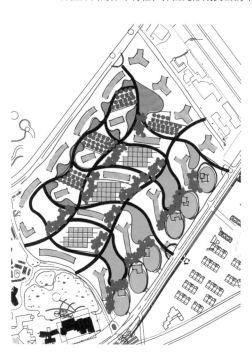

图 5-13　某居住区概念性草图：主要表达路网结构与建筑布局之间的关系，同时，划分不同景观空间，展现各具特色的环境特征

5.4　正式图的创意表达

　　从任务书的解读、场地分析到主题构思、概念草图，最后即是正式图纸的表达。之前每一步的工作都为最后正式图纸做准备。正式图纸不仅应该包含详细的方案设计平面图，还应该包含设计的构思图、各类分析图，以及方案深化图，这样才能将一个完整的设计完美地展现出来。正式图纸的创意表达展现的是各类图纸之间清晰的逻辑关系，是整个快题设计过程完整、准确的展现。

正式图纸的表达主要与两个层面的内容相关，一是图纸内容，二是图纸排版。图纸内容按照不同的任务书要求各有差异，通常包含现状分析图、主题构思图、功能分区图、交通路线图、空间布局图、总平面图、鸟瞰图、透视图、剖面图、立面图、文字说明、标题等（图5-14）。

图5-14这一方案正式图纸很好地展现了方案的整个构思过程，简洁、清晰，在排版上与平面图所占面积的比例关系控制较好，并以灰黑色的分析图衬托平面图的重要性。图5-15的正式图纸涵盖的内容量很丰富，通过分析图、总平面图、剖面图、立面图、透视图、文字说明，清晰地表达了设计的主题和灵感来源。图纸的排版也清晰地展示了设计的整个思考过程，但排版略显拥挤。

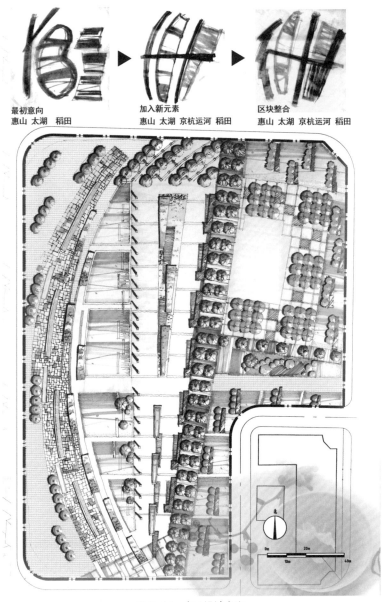

图5-14　庭园设计方案

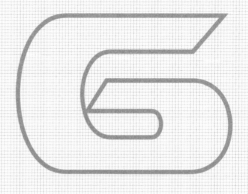

CHAPTER

第 6 章　风景园林快题设计类型介绍

小游园

城市广场

城市公园

居住区绿地

小型建筑设计

城市滨水区

城市商业区

6.1 小游园

城市小游园是供人们休息、交流、健身、娱乐的场所，是城市公共绿地类型之一，又称为小绿地、小广场或小花园。小游园的规模一般不大，面积大的有 1 hm²，小的只有数百平方米。可利用城市中的小块零星空地建造，因此很适合于旧城改造。经过精心设计，小游园往往精巧合宜，枝繁叶茂，利用率很高，其平面多自由活泼，少有对称雄壮的。

6.1.1 小游园规划设计要点

小游园设计，尺度较小的时候，可相对规则一些；如果尺度较大，则可以做成自由式的。其道路常常呈环绕形态，以适应于漫步与休闲。当然也可以是规则与自由两种形式混合，于大处自由，在细微处严谨。在具体设计时，应当注意以下要点。

① 要追求小而精致，简洁大方，不宜过于复杂。由于尺度较小，适合采取规则简洁的几何化图案设计；同时由于使用者往往都是近距离接触小游园，因此一草一木皆应考虑周全。

② 要利用、适应环境，适地创造环境。小游园处于城区，往往环境嘈杂，建筑林立，一般以相互阻绝、闹中取静为宜。若得历史、文化和景观可资借鉴，则可善加利用。

③ 要结合植物、结合地域，尽量选择适应于当地的气候的地方树种，注意其色彩美、形态、风韵美，注意时相、季相、景相的统一，坚持乔灌草结合。

④ 由于尺度较小，故宜采用角穿的方式安排道路，使游人从绿地的一侧通过，这样能更好地保证游人不受干扰。

⑤ 动静分区，结合行为心理，满足不同人群活动的公共性和私密性要求。注意空间的动、静、群、独属性，合理安排各种景观要素，激发社会交往行为。

6.1.2 小游园的规划布局

小游园的平面布置可分为规则式、自由式和混合式三种。规则式偏好几何图形和轴线构图，常常将园路、广场、水体等景观要素依照一定的几何图案进行布置。给人以整齐、明快的感觉；自由式布局灵活多变，适用于尺度较大的场地，结合自然地貌，设置自由式的景观和设施，模仿自然的精巧；而混合式为规则式及自由式相结合的布置，自由中隐含秩序，规则中不失活泼，颇耐人寻味（图6-1）。

6.1.3 小游园的单项设计

（1）园路的设计

园路设计应通而不畅，步移景异，合乎行为习惯，并有一定的分级分类。主要园路、次路可在宽度、铺装材料、配套设施等方面予以

图6-1 小游园平面图（曹心童绘）

区别。在景致佳处宜设置小广场、亭台以观赏休闲。主路可以环形，避免回头，次路不宜过长过宽。园路线型多迂回辗转、含蓄流畅。

（2）建筑小品设计

小游园中的建筑小品常常成为视觉焦点，是空间构图的重点之一，建筑小品不可过多，以免人工味过浓，其造型以拙、简、小为宜，可附设台桌、凳椅、阶道以便于使用，也可与花木丛林糅合，丰富、点缀景观。

（3）水体的设计

无水不活，小游园中水体的各种造型，皆能形成不同姿态的景观，并有净化空气的功能。水体有动和静的不同，动态的有喷水、涌水、瀑布、激流，可供嬉戏观赏，增添空间的活跃气氛；静态的则多含蓄多情，宁静幽远。

6.1.4 实例分析

小游园在城市中分布最广，距离居住者往往最近，使用频率很高。有些小游园以台地、遮阳伞、亭子、矮墙围绕着小广场布置，各个建筑小品之间可以视线联系，很适合于户外集会和休闲使用。有些则以交通穿行为主要功能，也有一些结合历史遗留物进行设计，成为重要的休息场所。

位于北京建国门附近的街头小广场设计较现代，景观空间与要素简洁、清晰。街头小绿地入口处的绿化树池是斜面的，感觉没有传统绿地边缘那么硬，好的设计就存在于这些小细节中。广东中山崎江公园利用场地内的铁轨、厂房等遗留，为游人提供散步、停留、思考的空间（图6-2、图6-3）。

图6-2　北京建国门的街头小广场

图6-3　广东中山崎江公园

场所乃有行为之场地，或者说，场所 = 场地 + 在场地上发生的行为。脱离了行为活动，则不能称之为场所。故欲使人流连，就必须迎合使用者的需要。北京建国门街头小广场把若干标识牌设计成雕塑状，便于行人使用，颇有新意。然而在城市中常常有一些面积很小、形状不规则的小块绿地，由于环境嘈杂，高楼林立，难以形成具有磁力的场所，可以巧妙地以植物进行围合，阻隔噪音，形成向心广场，周边布置休息座椅，闹中取静，空间场所感很强（图6-4、图6-5）。

图 6-4　街头绿地的标识牌　　　　　　　　　图 6-5　某街头小游园

6.2 城市广场

城市广场种类繁多，除了市政广场，更多的是商业广场，已经成为城市生活的主要载体。在具体形式上，它以建筑、道路、山水、地形等围合，用多种软、硬质景观构成，采用步行为主要交通手段，具有一定的主题思想和规模，是城市户外公共活动空间的节点。进行广场景观设计，关键是确定广场的性质与要求，分析场地的限制与优势，进而按照一定的构思和立意，将广场主要出入口、流线、设施统一在这一构思之下，并按照一定尺度进行深入刻画。同时，由于广场总是和许多街道、建筑、绿地相连，因而也要考虑与这些景观的关系，使其成为整体。

6.2.1 城市广场的分类

按照主要功能、用途及在城市中所处的位置分类，广场可分为集会游行广场（其中包括市民广场、纪念性广场、生活广场、文化广场、游憩广场）、交通广场、商业广场等。

纪念性广场往往是典型的行政景观，一般强调对称和轴线的构图，并有较大面积的硬质铺装以适合于举行大规模集会活动。

生活性的广场则主要是为了给市民提供健身、小型聚会、休闲游憩活动的场所。因而空间不能过于空旷，往往采取围合感强的小尺度进行规划，并要安排较多的桌椅等服务设施便于使用。

应当注意的是不论哪种分类，广场的性质都是相对的，每一类广场都或多或少具备其他类型广场的某些功能，即使是同一个广场，在不同时段其性质也可能发生变化。

不同类型的广场其尺度、形态、设施和铺装等都会有所不同，所以拿到设计任务书的第一步就是弄清广场的性质。这说起来简单，但深入思考就会发现其复杂性。一方面是因为广场本身在发展和变化，单一功能逐步被多种复合功能所替代，例如火车站广场就逐步从单一的交通集散功能向综合商业、服务发展；另一方面是城市化的发展要求广场的规划建设要有前瞻性，例如目前我们见到的许多城市广场已经把地下空间开发利用作为一项重要内容，有的城市广场还要和轨道交通、地下空间开发、绿地系统建设统一起来考虑。

6.2.2　城市广场的主题构思

一个好的景观规划总是能很好地满足基本功能的要求，同时又能使得景观要素统一在一个完整、清晰的主题下，体现出一定的意境（图 6-6）。广场作为城市开放空间中的重要一类，应以增加市民的自然体验、愉悦身心、提高城市保护意识为主要功能。

很多城市广场的性质定位比较模糊，但构思巧妙的广场总是突破传统思维定势，带给人耳目一新的感受。如沈阳建筑大学广场景观利用水稻、作物和当地野草，以场所原有的稻田为基础，用最经济的途径来营造景观，也是城市农业的反映，其构思巧妙，主题意义深刻，并营造出别具一格的视觉感受。从广场的性质看，它兼具休闲、聚会、交通、文化等多重属性，如果从环境行为心理学的角度说，这种复合型、多功能的广场更加具有活力，能诱发多重交往行为。当广场的性质比较明确时，立意更加突出，具有文化主题性。例如永州火车站广场景观设计，灵感来源于周敦颐的《爱莲说》（据说是永州八赋之一），将整个广场命名为爱莲广场，其平面形态以盛开的莲花为母题，布置了矮墙、框架、大草坪、树木、水体等（图 6-7）。

图 6-6　某公园以野生草木为主题　　　　　　图 6-7　湖南永州火车站广场的总平面构思草图

城市广场大多是多功能的，要满足多种社会生活需要。广场又具有场所特征，空间形态常以建筑、道路、山水、地形等围合，广场自身常由多种软、硬质景观划分为若干区域，各个区域之间一般采用步行交通联系。广场是具备公共性、开放性和永久性的城市公共开放空间。在西方，广场是城市中各种市民活动的场所，被高密度的构筑物和街道围合，具有良好的宽高比例。

6.2.3　城市广场的功能分区

广场一般具有人流集散、停车、休闲健身、娱乐聚会等多种功能，这些功能之间既有联系，又存在相互排斥的情况，所以应当对其进行一定分区，同时又要通过道路、景观视线、水体等景观要素让各个功能区之间联系便捷，成为整体。可利用自然水系划分广场的功能空间，通过建筑与街道的围合形成景观视廊，一些视觉焦点往往可以吸引更多的人流。广场的各个功能分区可以满足多样的使用需求。同时，功能分区要考虑与景观轴线形成对应关系，共同控制广场的整体布局（图 6-8、图 6-9）。

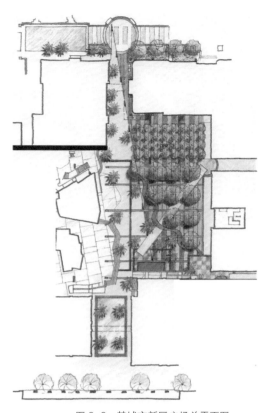

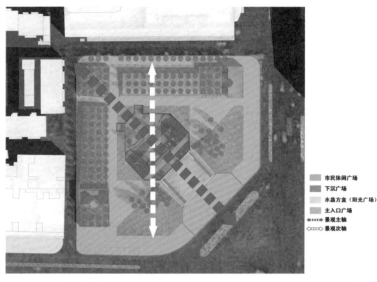

市民休闲广场
下沉广场
水晶方盒（阳光广场）
主入口广场
景观主轴
景观次轴

图6-8　某城市新区广场总平面图　　　　　　　　　图6-9　兰州开盛广场功能分区图（无界景观设计工作室作品）

（引自 Tract Landscape Architects Urban Designers Town Planners）

6.2.4　城市广场的尺度把握

各种广场的性质、环境、功能不同，具体采取何种尺度存在众多见解。芦原义信在《外部空间设计》一书中认为室外空间尺度应当以 25 m 为基准，而杨·盖尔则认为最大尺度为 70 ～ 100 m，因为这是能够看清事物的最大距离。具体采取何种尺度，事实上受到很多因素的制约，当然，对于同样尺度的广场，也会由于设计的不同而导致实际感受相去甚远（图6-10、图6-11）。广场尺度过大、缺乏围合、分区不明确，会导致广场成为非人性景观，使得人在广场中感觉到自己极渺小，是目前广场设计建设存在的普遍问题。一些尺度宜人的城市广场通过草地、坐凳与植物将城市广场的空间分隔成为多个休息的场所，赋予了城市广场人性化的尺度。

图6-10　尺度过大的某城市广场　　　　　　　　　　　图6-11　舒适的城市广场空间

6.2.5 城市广场的单项设计

（1）出入口设计

要让使用者有很好的体验，最有效的方法就是对重要的景观节点进行塑造，包括主要出入口、标志和重要的场所。同时通过适当的流线将这些节点连接，使得各种景观在整体布局中既分布合理、相互区分，同时又联系便捷，形成序列（图6-12）。广场是服务于市民生活的，其出入口主要目的是被人更方便地使用。例如欧洲某城市的广场出入口结合了水体进行设计，大台阶可以很方便地给人小坐，平台上可以眺望水景，而远处的弧形建筑正好成为进入广场的对景。大多数公园的入口广场需要满足停车、人流集散、景观视觉等多种功能，如果能够结合地形进行设计，就会事半功倍。可利用地形高低变化设置台阶、树木、草地。

（2）城市广场的道路设计

广场各个功能区之间一般以步行道路相连，利用地面材质变化、树木的围合，将停车、步行等结合，使其充满趣味。城市广场中，道路的空间尺度与设计元素直接影响广场的舒适度。植物围合的空间显得自然安静，同时结合开花小乔木，可以打造四季不同的道路景观（图6-12、图6-13）。

（3）城市广场的标志性

一口水井、一颗百年老树，往往成为集体共同的记忆。在广场中设立雕塑、高耸的构筑物等标志能够画龙点睛，形成集体意识。雕塑可以采用鲜艳的色彩，并利用曲线和直线组成独特的造型，打造醒目效果，使其成为广场中心标志。

图6-12 与道路紧邻的城市广场

图6-13 林荫道与开花植物相结合的广场道路

6.3 城市公园

美国景观建筑学之父奥姆斯特德（Frederick Law Olmsted）将城市公园定义为"城区非灰色地带的功能性的公共绿色空间"。灰色地带是指城市中以人造物（包括建筑、道路广场、各种设施等）为主的地带。奥姆斯特德这一定义强调了公园的功能性、公共性和绿色性。我国有学者认为："城市公园是一种为城市居民提供的、有一定使用功能的自然化的游憩生活境域，是城市的绿色基础设施，它作为城市主要的公共开放空间，不仅是城市居民的主要休闲游憩活动场所，也是市民文化的传播场所。"

6.3.1 城市公园的类型

我国城市公园分类系统根据《城市绿地分类标准》（CJJ-T85），按照各种公园绿地的主要功能和内容，将其划分为综合公园、社区公园、专类公园、带状公园和街旁绿地 5 个种类及 11 个小类，小类基本上与国家现行标准《公园设计规范》的规定相对应。为满足人们日益增长的文化生活需要，特色公园的类型将会越来越多，分类会越来越细。结合快题考试需要，可将城市公园类型概括为综合性公园、居住区公园、居住小区游园、带状公园、街旁游园和各种专类公园等（图 6-14 ~ 图 6-18）。

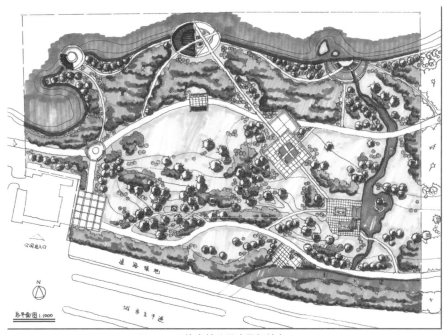

图 6-14　综合性公园（吴扬绘）

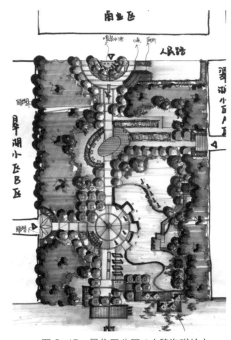

图 6-15　居住区公园 1（魏海琪绘）

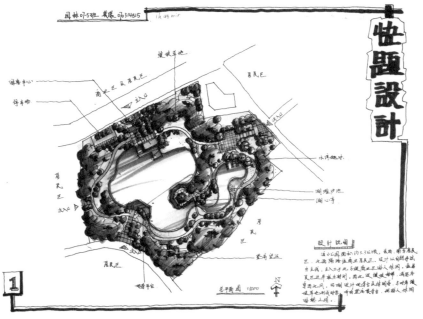

图 6-16　居住区公园 2（莫濛绘）

图 6-17　街旁游园（杜静涵绘）

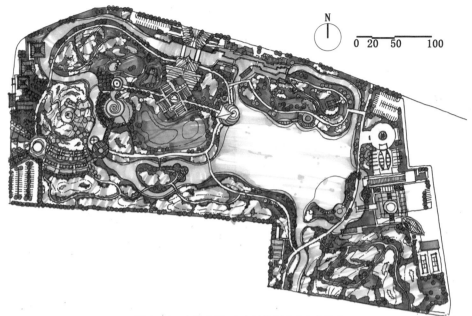

图 6-18　专类公园：青岛植物园（曹心童绘）

图 6-19　以植物、水系为主的生态型城市公园（引自 Design Master）

6.3.2　城市公园的规划原则

（1）自然生态

任何风景园林规划设计都不应与原有自然生态风貌相背离。对于城市公园规划设计范围中的自然生态系统应本着保护与利用相结合的科学态度，依据公园类型选取适宜的场地进行必要的建设开发。而对规划设计范畴中已遭破坏的自然生态环境要通过合理的规划设计方法进行修复，使其焕发新的生机（图6-19）。对于自然环境中优美的地形地貌，在设计中应尊重场地特点，采取充分保留、利用和再生场地中的景观元素和材料的方法，使其凸显优势并为公众所欣赏。而对地形进行必要的改造时要充分考虑到土方平衡，尽量保留场地中的水系与植被，需要调整时必须考虑自然水流状况，在顺应自然过程的基础上最大限度利用自然水，而非人工水；同时要尽量保留原地块中的古树名木以及景观形态良好的植被，并通过巧妙的设计使其成为美丽的植物景观。

（2）文脉传承

优秀的方案规划设计不仅要有合理的功能分区、优美的景观空间、可持续的生态环境，同时还要考虑针对场地特定文化环境的回应。这种设计回应可以是通过整体环境氛围的塑造来传承厚重的历史文脉，也可以是设置让日常使用者有所回忆、有所感悟、有所思考的兴趣点；可以是保护、重塑传统形式的空间、元素，也可以是采用新形式、新手法来表达。对于城市公园设计而言，应深度挖掘地域文化，通过象征性和符号性的元素表达出场地的文脉以获得使用者的文化认同，使公园成为文脉传承的载体，展现地域特有的内涵和风土人情，这正是画龙点睛的一笔，它使场地有了鲜活的个性和延续的历史感（图6-20）。

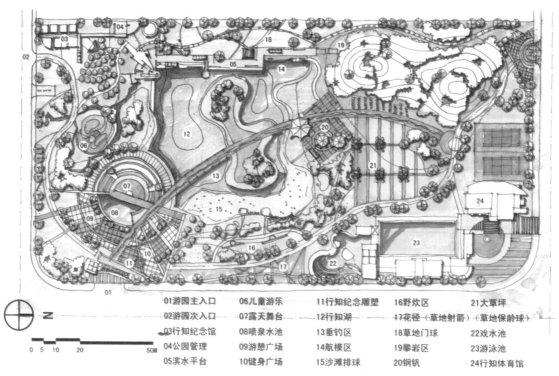

01游园主入口	06儿童游乐	11行知纪念雕塑	16野炊区	21大草坪
02游园次入口	07露天舞台	12行知湖	17花径（草地射箭）（草地保龄球）	22戏水池
03行知纪念馆	08喷泉水池	13垂钓区	18草地门球	23游泳池
04公园管理	09游憩广场	14航模区	19攀岩区	24行知体育馆
05滨水平台	10健身广场	15沙滩排球	20钢钒	

图 6-20　法国巴黎雪铁龙公园设计竞赛方案（资料来源：APUR）

（3）以人为本

公园是"以人为本"的娱乐性、服务性场所，必须本着以人为本的观念进行，从使用者、服务范围以及可能的活动去思考。例如在宏观布局上要有合理的动静分区，以形成景观环境的不同特点；安排必要的功能设施，例如厕所、座椅、垃圾桶，还要有冬暖夏凉的集中场地供人群活动。中观上要注意场所的空间格局与人的行为模式相协调，例如考虑到简短、便捷的道路流线设计可以避免游人抄近路而破坏绿化，在大型场地中间布置焦点元素（如建筑、雕塑、水景等）便于人们确定方位或约定地点；提供不同私密程度、视觉开敞程度的小型空间等。小尺度空间上应精心处理、确保安全，提供多样的休憩空间，满足人交流的需要（图6-21）；细部处理上考虑与残障者密切相关的无障碍设计，这样才能真正做到以人为本。

图 6-21　公园内的人性化设计（曹心童绘）

（4）经济适用

公园建设具有工程量大、周期长等特点，因而经济适用性因素尤为凸显。虽然考试中应试者所要完成的快题方案通常不能成为具体工程的实践，但这些人员今后将要成为实际工作的操作者，因此必须具有一定经济成本的知识概念，而这主要体现在快题的经济技术指标一栏中，虽然目前多数高校快题考试只要求考生能够表述基本的用地平衡表即可，而对经济估算不做详细要求，但今后这将是考查应试者知识和能力的发展趋势。

（5）可持续发展

可持续发展的理念不仅包括社会与生态层面，还包括经济角度，因此城市公园设计不仅要满足大众行为需求的公益性内容，还要根据市场需求设置一些经营项目，不仅满足社会效益和生态效益，还具有良好的经济效益，这样更有利于城市公园的永续、健康的发展。

6.3.3　城市公园的快题设计方法

（1）立意

立意是对主题思想的确定，主题思想是园林创作的主体和核心，主题思想需要通过园林艺术的形象加以表达。因此，公园设计的立意最终要通过具体的园林艺术创造出一定的园林形式，并通过精心布局方能实现。例如北京奥林匹克公园的森林公园里挖掘出一个"龙湖"，营造出森林和草原的景色，公园西北面的小山代表中国的昆仑山脉，黄河、长江、珠江从那里发源。从这些山顶向南眺望，可以看到奥林匹克公园的中心部分，水流注入龙湖，隐喻中国的东海，在海的中央是传说中的蓬莱仙岛（图6-22）。

图6-22　北京奥林匹克森林公园

（2）构思

构思及立意的深化和细化对设计活动具有更为直接的指导性。在公园的设计构思阶段，设计师必须要非常清晰地认识将要进行的设计工作，与此同时，在制定设计原则时还要充分考虑到可实施性的问题，即使同一立意通常也可以通过不同的操作加以体现（图6-23、图6-24）。

（3）布局

主要包括选取、提炼题材；酝酿、确定主景、配景；功能分区；景点、游赏线路分布；探索所采用的园林形式。公园整个布局的过程，实质就是确定公园出入口位置、功能分区、地形设计、植物种植规划、建筑设计及布局、道路系统诸方面矛盾因素相互协调统一的总过程。由于布局形式存在多样性，采用草图形式来勾画方案是非常可取的方法。

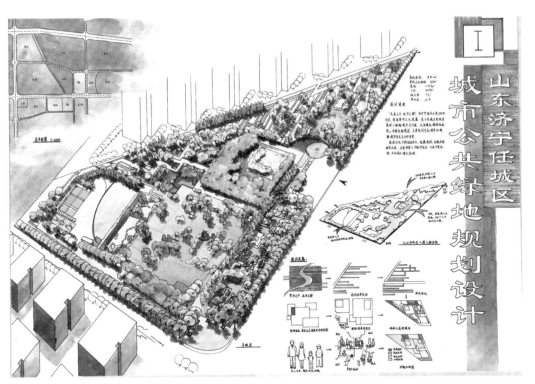

图 6-23　城市公园绿地规划设计方案 1（曹心童绘）

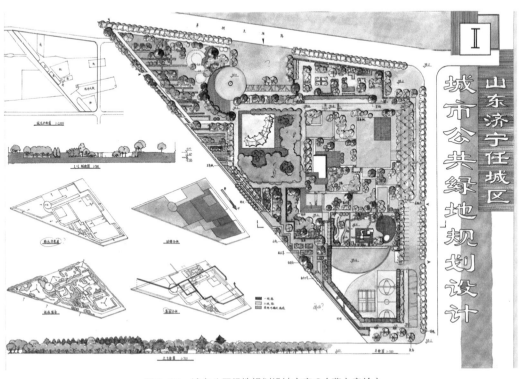

图 6-24　城市公园绿地规划设计方案 2（曹心童绘）

① 确定公园出入口

公园总体布局的首要任务是确定主要、次要出入口的位置。通常公园的出入口包括主要入口、次要入口和专用入口（图 6-25）。位于湖南株洲的天池公园是一个面积大约 96 hm² 的城市公园，其出入口的设计结合周边环境进行定位与设计，在居住区、商业区人流量较大的区域设置 3 个主入口，南侧结合体育用地设置次入口，其他 3 个辅助入口均匀分布在公园周边，便于出入公园。

《公园设计规范》第 2.1.4 条文规定："市、区级公园各个方向出入口的游人流量与附近公交车设站点位置、附近人口密度及城市道路的客流量密切相关，所以公园出入口位置的确定需要考虑这些条件。主要出入口前设置集散广场，是为了避免大股游人出入时，影响城市道路交通，并确保游人安全。"因此，设置出入口时首先要考虑外部环境对出入口位置的限定因素，如场地与周围市政的交通联系，车流、人流集散方向等，这对确定公园出入

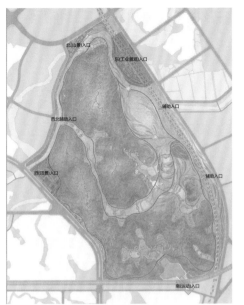

图6-25 株洲天池公园入口分布

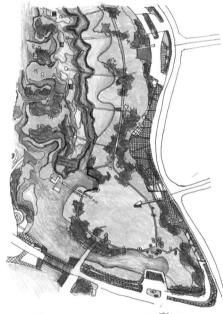

图6-26 某公园的观赏游览区（段妍绘）

口具有决定性作用。通常主入口应与城市主干道、游人主要来源方向以及公园内部用地的自然条件等因素综合协调后确定，合理的出入口应便于公园内部功能的排布，便于城市居民到达，并且在公园主要入口附近易于设置人流量大的建筑场馆（如剧场、展览馆、运动场等），还应在公园四周安排出入口以便于游人使用。此外，应将专用入口设置在公园较偏僻处或者公园管理用房附近，以方便管理和生产。

主要出入口设计首先要满足主要人流在此交汇、停留的功能需要，应避免与城市交通的矛盾，并考虑公园内部和外部的公共开场空间（如内外集散广场、停车场，自行车存车处等）的位置及面积，以及相关公共建筑（如售票处、管理室、导游服务部、商品零售店等）的设置；其次出入口设计要具有良好的外观和独特的个性，例如别具匠心的公园大门不仅能吸引游人进入，也成为拍照留念的理想景致。此外，景区导视牌、主题雕塑、园林小品作为出入口的辅助部分，也应该对其进行精心设计。

② 进行分区规划

■ 文化娱乐区

在大型的综合性公园中通常会有较为集中的文化娱乐分区，该区域的特点是活动热闹、内容丰富。此外，这类区域涉及的建筑较多，包括室内活动场地（如俱乐部、电影院、音乐厅、展览馆等）和室外活动场地（如露天剧场、溜冰场、游泳池等）。在这些场地所发生的娱乐活动很容易引起瞬时的人流高峰，因此，如何妥善地组织这类区域内的交通就显得尤为重要，应尽可能接近公园的出入口，特殊情况下，还应设置单独的出入口。

■ 观赏游览区

这类区域注重强调自然风景和造景手法的有机结合，因此公园中的观赏游览区最好有较大的面积，通常要选择在自然景观优美，与城市干道有一定缓冲距离的地段，并结合历史文物、名胜古迹，并综合考虑游人审美心理的需要，从而营造出公园中最具有代表性的景观风貌（图6-26）。

■ 安静休息区

休息区可以在公园内多处设置，但通常安排在公园边角地带的安静区域，注意要和喧闹的文化娱乐区分离开，不需要靠近出入口，主要交通流线也不能穿越该类区域。例如选择在树木茂盛、绿草如茵、具有一定地形起伏或水体旁边为宜。此外，与观赏游览区相比，休闲区的观赏功能性较弱，因此，提供给游人的活动项目宜少不宜多，应以静态为主，例如垂钓、观景、散步、品茶、阅读等，同时还要注意该类区域内的园林建筑面积和体量不宜太大，这样才能营造出舒适惬意的休息环境。

■ 儿童活动区

通常设置在公园主入口附近以便于到达，并且要具有专门供儿童活动的设施和场地。在设计中还要重点考虑场地、设施及维护的安全问题，如与公园的主路要有充分的分隔，游戏器械的场地要具有弹性等因素。此外，该区域内植物种植应选择无毒、无刺、无异味的树木花草，尤其要考虑到夏季遮阴和冬季透光的效果，营造出适于儿童活动的活泼、轻松的氛围。另外，还要考虑看护儿童的成人的使用需要。

■ 公园管理区

管理区是纯粹的功能区，它会因公园的类型、规模等因素的差异而有所不同，而综合性公园的管理区最具典型性，通常具有办公楼、车库、食堂、宿舍、医务、仓库、浴室等服务与办公建筑，也可能有苗圃、温室等生产性建筑与构筑物。对管理区而言，无论功能多少，都要求其建筑面积要小，位置通常会设置在便于公园管理，又与城市联系方便的地方，还应设置单独的出入口。此外，规划时应考虑适当隐蔽，以避免影响游览或相互干扰。

总之，理论与实际相结合才是提高设计能力的有效途径，因此建议读者在理论学习的同时，还要走出教室，开阔眼界，增加亲身实践，从实际生活场景中对具体事物加以观察和体会。与此同时，还应关注新的场地类型，例如近年来开放型公园日益增多，由此提出新的设计要求，因而要有针对性的学习和掌握开放型公园的总体布局特征，公园整体与周边环境的联系、开放时间、出入口设置以及围墙处理等内容；再如湿地公园、工业遗址公园等新类型都在近年研究生入学考试中出现过。

6.3.4　城市公园快题的控制方法

（1）轴线

轴线在公园快题设计中极其重要，轴线与中心相并列，具有最基本的形态秩序。在快题考试中，如能灵活地运用轴线来控制设计方案，可以更加清晰地表达设计构思（图6-27）。在公园快题设计中应用轴线，关键要理解轴线的含义，避免机械地套用；要学会围绕轴线组织景观设计；要掌握主轴与辅轴的组合关系，形成秩序性。

① 轴线的含义

理论上讲，轴线是指由被摄对象的视线方向、运动方向和相互之间的关系形成一条假定的直线。而在实际的快题考试中，公园的轴线形式丰富多样，它可直亦可曲；可连亦可断；可实亦可虚；可宽亦可窄（图6-28）。

② 轴线上的景观组织

通常完整的轴线可以设置起景、展景、主景、转景、收景5个主要景观节点；但实际应用中可适当简化，要保证必要的起景、主景、收景3个重要节点。

③ 轴线间的组织关系

方案设计中通常只能出现一条主轴，而把主景布置在主轴上可以起到突出强调作用；辅轴要与主轴形成相互配合的辅助关系；主轴表达应具体，辅轴表达可适当灵活，虚实并用。

（2）地形

公园的地形设计需要统筹兼顾，综合考虑场地的使用要求、山水要求、种植条件、排水条件、土方平衡、空间划分、景观组织、道路布置等众多方面的内容。

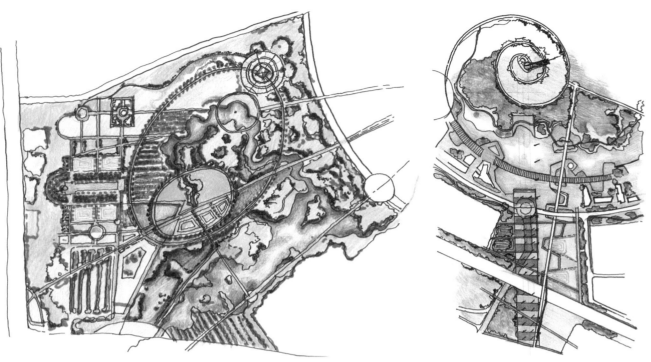

图 6-27 公园设计中的轴线设计构思图（段妍绘）　　　　图 6-28 虚、实轴线的运用（段妍绘）

　　快题中的地形控制主要是指人工地形的营造方法。应试者要能熟练运用不同地形（规则式、自然式）的设计手法来构筑公园骨架。与此同时，还要注意地形与视线的关系，核心是要学会对凸凹地形的控制，即对堆山方法和下沉式空间的运用。堆山效果在快题考试中易于表达，且效果明显，但在堆山时要注意山体的走势，合理选择制高点。另外，应试者还要注意地形的遮挡与引导、地形高差与视线、地形分隔空间以及担当背景的作用。需要注意的是地形控制并不适用所有试题，只适合在规模较大的公园规划设计中运用，并且要学会与轴线和水体综合运用，方能取得理想的效果。在日常学习和训练过程中，应注意加强对自然山脉、盆地、丘陵等地形线的描绘练习，这样在考试时就会做到游刃有余（图 6-29）。

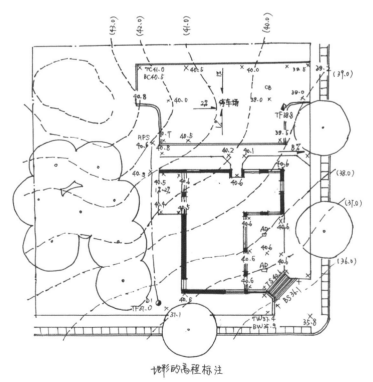

图 6-29 地形的表达（张淼绘）

（3）水体

水体是公园设计中最活跃的要素，要予以高度重视。应试者要深刻理解水体的形态和地形的有机联系（图6-30），并加以灵活运用，要学会合理组织水体，合理控制水体的尺度与比例，还要具有一定园林理水常识。

① 水体形态与地形的关系

公园中的水体主要呈现静态与动态两种类型，这与地形的关系非常紧密，例如平缓的地形会产生汇聚的静态水体，陡峭的地形将产生奔流的动态水体。具体而言，水体具有平静、流动、跌落和喷涌这四种基本形态，公园设计中如能灵活运用水体的类型和形态，将会营造出空间丰富、形态动人的水景效果；水体设计要注重山水相依的理念；由于水体具有流动性，因此在人工营造水景时要注意水面标高与场地标高的关系，此外，还要考虑到土方平衡，利用土方进行堆山处理。

② 水体的组织

当水体形成连续的水系时，应具有形态上的变化，以便于形成生动自然的效果。可以借鉴自然界的水系的变化要领，其核心可概括为"起、承、转、合"。由此可将不同的公园景点、空间连接起来，从而起到统一整体的作用。

③ 水体的尺度与比例

公园水面的尺度大小与周边环境的比例关系是快题设计中需要慎重考虑的内容，除自然形成或已具规模的水面外，都应加以控制。小尺度的水面较亲切宜人，适于宁静、面积不大的空间；大尺度的水面浩瀚、视线通畅，对烘托公园的整体氛围会起到非常积极的作用。此外，从构图形式上，大尺度的水体与陆地形成了鲜明的虚实对比，而小尺度的水体容易形成空间的视觉焦点（图6-31）。

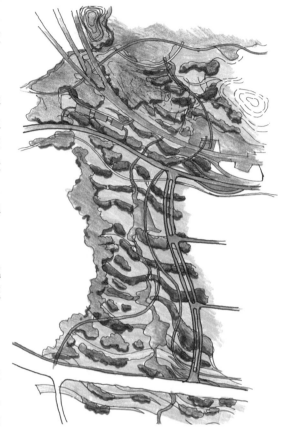

图6-30 水体形态与地形的有机联系（段妍绘）

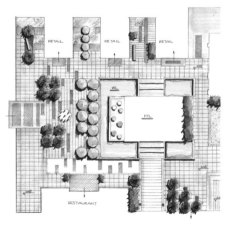

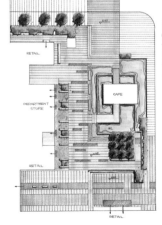

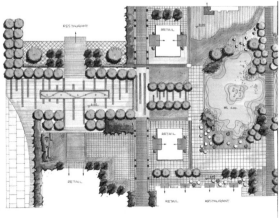

图6-31 不同形式的水系景观（武少雄绘）

④园林理水常识

东方园林中水体的造景重视意境，手法是"人工中见自然"。此外，东方园林水体造景崇尚自然山水的模仿，在掇山理水中尽力模拟自然中的静水（湖塘、池沼）、动水（溪涧、瀑布、涌泉）和各种自然水景要素（洲岛、汀渚）等。而西方园林水体造景偏重视觉效果，讲究几何格局和气势，处处显露人工造景的痕迹，是一种"人工中见人工"的手法。

（4）道路

对于大尺度的公园常见三种路网形态，即规则式、自然式和混合式（图6-32、图6-33）。对于含有自然风景的公园场地，采用自然式路网，尤其是套环式路网，其特点是主次分明、流线多样、疏密得当且线条流畅，便于游人畅通到达各个景点。此外，规则式路网也在公园设计中广泛应用，它易于形成庄重、大气的氛围，这类路网设计应注意简洁清晰、尺度得当，并要与周边元素有机结合。而混合式路网具有自然和规则两种形式，在大型公园中经常使用。

在快题考试中还要注意道路宽度的控制。公园主路至少要满足消防车通行（2.2 m），一般要考虑少量机动车对行的可能，以5 m为宜，支路2～3 m，小路1.5 m；虽然快题考试中表现相对宽泛，但道路等级应有明显区分，道路尺度要合理。对于规则式构图中尺度过大的道路，中间可以适当点缀以树池、水池、花圃、小品等元素，这样既保证了构图的饱满性，又避免道路空旷单调、尺度过大；要注意直线道路与曲线道路的衔接，交角应接近直角为宜，还要适当注意转弯半径要满足基本功能要求；此外，道路材质应仔细推敲，结合不同尺度、功能与类型的公园进行针对性设计。

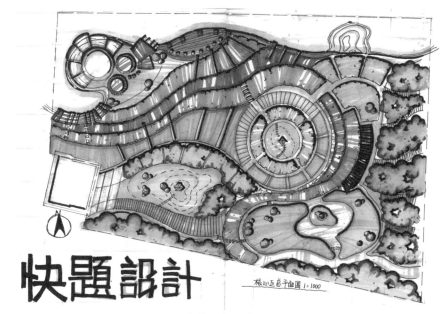

图6-32 自然式路网局部（毕嘉思绘）

图6-33 混合式路网（莫濛绘）

（5）植物

植物设计的关键是要掌握一定的常规植物形态，结合植物季相变化，对南、北方典型的乔木、灌木、花灌木、地被等植物能够熟练地组合搭配，同时还要对植物的种植形式有一定的了解，要会运用单株或林群进行植物的组织与排布，并且能够结合轴线、地形、水体、道路的控制方法进行植物布局的整体设计。在考试中可以灵活采用树阵、模纹等容易在图面中出效果的表达方式进行植物设计。

（6）建筑与小品

公园快题考试中的建筑设计通常是一些小型建筑物（如小型茶室、小型游客中心等）。有些应试者缺乏建筑设计相关知识经验，会对方案设计与表达方法感到不知所措，影响考试发挥。小型建筑在公园设计中主要以点景的形式出现，根据造景、功能等需要布局。对于建筑控制的关键是要结合轴线控制法，在重要位置设置主体建筑；要为建筑营造出与方案整体协调的环境场所（图6-34）；要掌握基本的建筑常识与建筑设计的图面表达方式。

景观雕塑和小品是为公共场所带来可识别性的重要个性化元素，是公园独特的"符号"。小品设计要满足美观的要求，同时必须要追求人性化的发展，细部设计应符合人体尺度的要求，设置的位置、方式、数量更要考虑人们行为的心理需求特点。

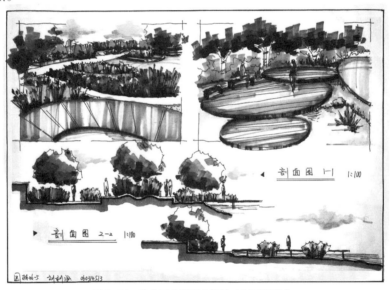

图6-34　某公园水畔露台设计（刘利泓绘）

6.3.5　城市公园常用规范与指标

在设计实践中，优秀的方案构思首先是要符合技术规范的要求。但由于高校教育更多侧重理论与学术方面的教学，同时又受到课程设置和课时安排等因素的限制，导致某些学生对于行业规范不够了解，也不能予以足够的重视，因此在方案设计时就不可避免地出现偏差。笔者在此简要总结快题考试中与公园密切相关的部分规范，供读者参考。

① 公园容量，市、区级公园游人人均占有公园面积以 60 m^2 为宜（表6-1），居住区公园、带状公园和居住区小游园以 30 m^2 为宜；公共绿地人均指标低的城市，游人人均占有公园面积可酌情降低，但最低游人人均占有公园的陆地面积不得低于 15 m^2。风景名胜公园游人人均占有公园面积宜大于 100 m^2。

表6-1　我国城市公园规划指标

公园类型	利用年龄	适宜规模（hm²）	服务半径	人均面积（m²/人）
居住区小游园	老人、儿童、过路游人	＞0.4	≤250m	10～20
邻里公园	近邻居民	＞4	400～800m	20～30
社区公园	一般市民	＞6	几个邻里单位1600～3200m	30
区级综合公园	一般市民	20～40	几个社区或所在区骑车20～30分钟，乘车15分钟	60
市级综合公园	一般市民	40～100或更大	全市乘车0.5～1.5小时	60
专类公园	一般市民、特殊团体	随专类主题的不同而变化	随所需规模而变化	
带状公园	一般市民	对资源有足够保护，并能得以最大限度的开发利用		30～40
自然公园	一般市民	＞400hm²有足够的对自然资源进行保护和管理的地区	全市乘车2～3小时	100～400
保护公园	一般市民、科研人员	足够保护所需		＞400

注：资料来源于城市规划专业系列教材，城市公园设计。

② 公园内景观最佳地段，不得设置餐厅及集中的服务设施。公园的条凳、座椅、美人靠（包括一切游览建筑和构筑物中的在内）等，其数量应按游人容量的20%～30%设置，但平均每万平方米陆地面积上的座位数量最低不得少于20，最高不得超过150。演出场地应有方便观赏的适宜坡度和观众席位。

③ 园路的路网密度，宜在200～380 m/hm²之间；动物园的路网密度宜在160～300 m/hm²之间（表6-2）。主路纵坡宜小于8%，横坡宜小于3%，粒料路面横坡宜小于4%，纵、横坡不得同时无坡度。山地公园的园路纵坡应小于12%，超过12%应作防滑处理。主园路不宜设梯道，必须设梯道时，纵坡宜小于36%。支路和小路的纵坡宜小于18%。纵坡超过15%的路段，路面应作防滑处理；纵坡超过18%，宜按台阶、梯道设计，台阶踏步数不得小于2级，坡度大于58%的梯道应作防滑处理，宜设置护栏设施。

表6-2　园路宽度（m）

园路级别	陆地面积（hm²）			
	＜2	2～＜10	10～＜50	＞50
主路	2.0～3.5	2.5～4.5	3.5～5.0	5.0～7.0
支路	1.2～2.0	2.0～3.5	2.0～3.5	3.5～5.0
小路	0.9～1.2	0.9～2.0	1.2～2.0	1.2～3.0

注：资料来源于CJJ48-1992《公园设计规范》。

④ 经常通行机动车的园路宽度应大于 4 m，转弯半径不得小于 12 m。园路在地形险要的地段应设置安全的防护设施。通往孤岛、山顶等卡口的路段，宜设通行复道；必须沿原路返回的，宜适当放宽路面。应根据路段行程及通行难易程度，适当设置供游人短暂休憩的场所及护栏设施。

⑤ 公园游人出入口宽度应符合下列规定（表 6-3）。

表 6-3　公园游人出入口宽度

游人人均在园内停留时间（单位：小时）	售票公园（单位：m）	不售票公园（单位：m）
> 4h	8.3	5.0
1 ~ 4h	17.0	10.2
< 1h	25.0	15.0

注：1. 上述指标为公园游人出入口总宽度下限（m/ 万人），万人是指公园游人容量。
　　2. 资料来源于 CJJ48-1992《公园设计规范》。

⑥ 游人使用的厕所规模。面积大于 10 hm² 的公园，应按游人容量的 2% 设置厕所蹲位（包括小便器的数量），小于 10 hm² 的按游人容量的 1.5% 设置；男女蹲位比例为 1：（1 ~ 1.5）；厕所的服务半径不宜超过 250 m；各厕所内的蹲位数应与公园内的游人分布密度相适应；在儿童游戏场附近，应设置方面儿童使用的厕所；公园宜设置方便残疾人使用的厕所。

⑦ 公园单个出入口最小宽度 1.5 m；举行大规模活动的公园，应另设安全门。内容丰富的售票公园游人出入口外集散场地的面积下限指标以公园游人容量为依据，按 500 m²/ 万人计算。

⑧ 儿童戏水池最深处的水深不得超过 0.35 m。硬底人工水体近岸 2.0 m 范围内的水深不得大于 0.7 m，达不到此要求应设护栏。无护栏的园桥、汀步附近 2.0 m 范围以内的水深不得大于 0.5 m。

⑨ 人流密集场所台阶高度超过 0.7 m 并侧面临空时，应有防护设施。室外坡道坡度不宜大于 1：10，室内坡道水平投影长度超过 15 m，宜设休息平台。无障碍坡道的坡度不应大于 1：12，最好为 1：20。

⑩ 台阶踏步宽度不宜小于 0.3 m，踏步高度不宜大于 0.15 m，并不宜小于 0.1 m。台阶踏步要不少于 2 级，当不足 2 级时，应按坡道设置。

⑪ 园路两侧的植物，车辆通行范围不得低于 4.0 m 高度的枝条；方便残疾人使用的园路边种植不宜选用硬质叶片的丛生型植物；路面范围内，乔、灌木枝下净空不得低于 2.2 m；乔木种植点距离道路应大于 0.5 m。

6.4　居住区绿地

居住区是当前我国最为量大面广的建筑类型，并且是市场化最彻底的。居住区绿地的景观设计，需要迎合消费者的诉求，包括审美、实际功能和造价，要坚持美观、温馨、舒适、生态、健康和节能的原则，其内容包括道路、水景、路面、照明、公共设施等方面。

6.4.1 居住区规划的基本概念和重要指标

在风景园林快题设计中，涉及居住区绿地，就必然要考察设计者对居住区相关概念的熟悉情况。这些基本的概念和指标，是做快题设计的前提和依据。

（1）城市居住区

一般称居住区，泛指不同居住人口规模的居住生活聚居地，特指被城市干道或自然分界线所围合，并与居住人口规模（10000～15000户，30000～50000人）相对应，配建有一整套较为完善的、能满足该区居民物质与文化生活所需的公共服务设施的居住生活聚居地。

（2）居住小区

一般称小区，是被居住区级道路或自然分界线所围合，并与居住人口规模（2000～3500户，7000～15000人）相对应，配建有一套能满足该区居民基本的物质与文化生活所需的公共服务设施的居住生活聚居地。

（3）居住组团

一般称组团，指一般被小区道路分隔，并与居住人口规模（300～800户，1000～3000人）相对应，配建有居民所需的基层公共服务设施的居住生活聚居地。

（4）居住街坊

在城市中，由街道包围，面积比居住小区小，供生活居住使用的地段。以街坊作为居住区规划的结构形式由来已久，在古代希腊、罗马和中国的城市中都曾经存在过。

（5）容积率

又称建筑面积密度。指一片城市开发用地内建筑面积与用地面积之比（m^2/hm^2）。它反映城市土地利用的程度，容积率越高，土地开发强度越高。容积率是城市土地开发强度控制的重要技术经济指标。

（6）住宅容积率

又称住宅建筑面积密度。指居住区、居住小区或住宅组团内住宅总建筑面积与住宅建筑用地面积之比（m^2/hm^2）。这项指标用以衡量住宅容量是否合理及控制住宅面积建设量。

（7）日照间距

前后两排房屋之间，为保证后排房屋在规定的时日获得所需日照量，而必须保持的一定间距，称为日照间距。

（8）日照标准

不同纬度的地区对日照要求不同，高纬度地区更需要长时间日照；不同季节对日照要求也不同，冬季要求较高。

（9）建筑密度

指在一定用地范围内所有建筑物的基底面积与基地面积之比，一般以百分比表示。它可以反映出一定用地范围的空地率和建筑物的密集程度。

（10）建筑红线

城市道路两侧控制沿街建筑物、构筑物（如外墙、台阶、橱窗等）靠临街面的界线，沿街建筑不得越过建筑红线。

（11）千人指标

为公共服务设施定额指标，即每千居民拥有的各项公共服务设施的建筑面积和用地面积。

6.4.2 居住区绿地设计原则

（1）社会性原则

赋予环境景观亲切宜人的艺术感召力，通过美化生活环境，体现社区文化，促进人际交往和精神文明建设，并提倡公共参与设计、建设和管理。

（2）经济性原则

顺应市场发展需求及地方经济状况，注重节能、节材，注重合理使用土地资源。提倡朴实简约，反对浮华铺张，并尽可能采用新技术、新材料、新设备，达到优良的性价比。

（3）生态原则

应尽量保持现存的良好生态环境，改善原有的不良生态环境。提倡将适宜的生态技术运用到环境景观的塑造中去，以利于城市的可持续发展。

（4）地域性原则

应体现所在地域的自然环境特征，因地制宜地创造出具有时代特点和地域特征的空间环境，避免盲目移植。

（5）历史性原则

要尊重历史，保护和利用历史性景观，对于历史保护地区的住区景观设计，更要注重整体的协调统一，做到保留在先，改造在后。

6.4.3 居住区绿地的设计构思

我国的居住区规划设计有4种模式：居住区——居住小区——组团、居住区——组团、居住小区——组团和独立组团。其绿地的规划设计与这种规划结构联系密切，总的原则是不同等级的绿地服务于相应等级的居民，因此居住区绿地设计首先要分析它的结构、等级、服务对象等特点（图6-35）。

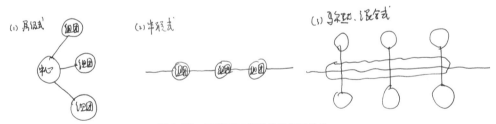

图6-35　三种不同类型的居住区结构

漳州市芗城区瑞京新村拆迁安置房B区项目是一个真实的居住区投标项目，位于漳州市芗城区，西临规划师院西路，北临瑞京路；总用地约71 hm²，其中代征市政道路0.58 hm²，实际用地约65.6 hm²，拟建住宅1658套，14.8万平方米，拟建商业店面约8000 m²，并有相应配套的公共服务设施居委会、物业管理、社区文化中心、幼儿园、自行车库、变配电等共计8000 m²，地下车库及人防工程约16480 m²。这个居住区规划很明确地按照"居住小区—组团"的结构进行，整个小区分为入口处的中心组团，东面上、中、下三个组团，一共是4个组团。不过这个规划的独特之处是东西两部分之间有一条人车混行的机动车道（图6-36）。

位于北京的某居住区绿地设计方案具有明确的设计构思和布局结构定位，通过一线、两面、三组点的绿地系统结构将整个社区有机地统一起来，布局紧凑、结构清晰、中心性强（图6-37）。

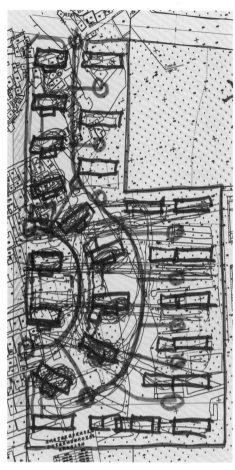

① 城市绿地
② 小区入口
③ 诗韵墙
④ 莲花水景
⑤ 雕塑道
⑥ 木栈道
⑦ 中心水景广场
⑧ 演义剧场
⑨ 配套小学
⑩ 配套幼儿园
⑪ 棋艺天地
⑫ 露天烧烤吧
⑬ 地上停车场
⑭ 地下停车场出入口
⑮ 社区会所
⑯ 配套商业设施

从一线、两面、三组点入手，点线面的结合使整个社区有机的统一起来

NORTH

图6-36　漳州市芗城区瑞京新村拆迁安置房
B区绿地规划设计构思草图

图6-37　北京某居住区方案设计

6.4.4　居住区绿地设计的限制因素

居住区绿地设计的限制因素与不同项目的现状情况紧密联系，所以，要求快题设计之前必须充分挖掘现状的不利因素和有利因素，使设计有据可依，特色鲜明。

以上述的瑞京新村拆迁安置房项目为例，其居住区绿地设计的限制因素主要有三个方面：一是除了北部组团外，绿地规模都不是很大，没有一个明显的中心集中绿地；二是人和车的交叉点较难处理；三是各个绿地之间的联系不明确，且距离比较远。这些限制性将是设计的重要依据。在快题设计中，虽然要求快速的表现与突出的构思，但是这些都要源于现状的准确分析才有意义。

6.4.5　居住区绿地设计要点

（1）配合居住区总体布局

居住区绿地设计要求具有全局观念，总体把握居住建筑与绿地之间的关系，既要尊重建筑的总体布局和地形地貌的现状特征，又要使绿地自身形成合理的布局结构，做到规模合理、布局紧凑。

（2）充分利用现状

居住区绿地设计要以经济适用为主要的设计原则，充分利用现状的地形，土方平衡，减少投资。同时，可适当改造居住区场地原有的设施，以适应居住区居民使用的需求，杜绝奢华和铺张浪费的设计元素，打造舒适宜人的居住环境（图6-38）。

（3）以植物造景为主，考虑四季景观

居住区绿地是居民们日常生活接触最多的环境，良好的植物景观有利于打造舒适自然的休息活动场所。常绿树与阔叶树的搭配种植，可以有效地吸附灰尘，降低二氧化碳的浓度，减少噪声等，对于居住区整体环境的打造具有至关重要的作用。另外，地被花卉也是居住区绿地设计必不可少的植物造景元素，某些野生的、易于管理的花卉地被是居住区绿化的首选，如二月兰、紫花地丁等，它们将为居住区带来清新、活泼的气息（图6-39）。

（4）考虑儿童活动的需要

居住区绿地设计要充分考虑到儿童活动需求，不同年龄段的儿童活动场地在居住区绿地中是必不可少的。

（5）案例

漳州市芗城区瑞京新村拆迁安置房居住区绿地设计，首先考虑到该项目所处的地域水资源很充沛，气候适宜，所以拟以水系联系东西两部分；二是对于北部组团，考虑它的规模较大，同时与南部组团在空间上较远，因此拟设计成相对独立；三是主要出入口处的中心组团拟以水面为主，并设置环形休闲道路，以增加空间的感觉尺度。景观结构分为三个景观中心，它们之间以景观轴线联系，所有住宅围绕景观

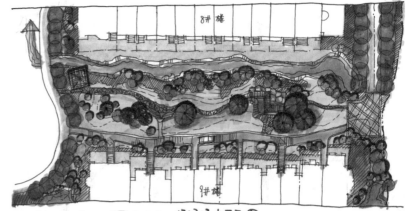

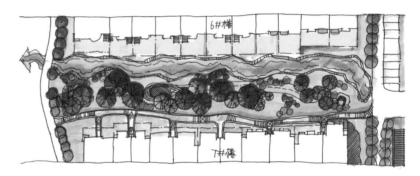

图6-38 楼间小花园（朴静涵绘）

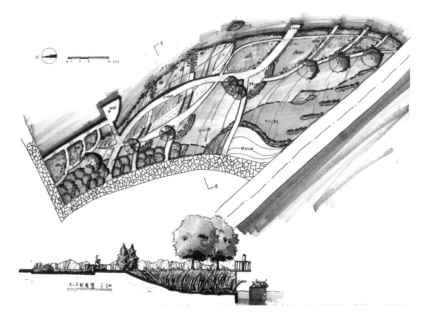

图6-39 丰富的灌木及地被植物种植（张旻昱绘）

中心布置。根据建筑总平面规划布局，将景观分级、分类，形成一个中心绿地，两个组团绿地。让所有住宅均围绕绿地，每户都有良好的景观。从规划设计师的总平面看，这个居住小区中最重要的景观节点有4个，主要出入口和中心绿地、东面组团绿地和北部组团绿地。北部组团以中心绿地为中心形成环路，从环路向外发散进入各幢建筑，建筑两两相对，以形成建筑之间的入口小广场以及建筑背部的小绿地。

居住区中心的下沉广场具有很好的私密性，是适宜的聚会场所。通过设置整齐的树木围合增强了空间的封闭感，周围设置台阶作为桌椅，地面以较大面积的硬质铺地，以利于大量人流的集散。中心绿地的水面中设置小岛，上置亭台，沿水岸设蜿蜒步道及多处小型广场，并通过水系与各个组团绿地相联系（图6-40～图6-43）。

居住区中一般均配有会所、学校、商业配套等公共建筑，它们常常成为居住区景观中重要的标志。利用水体、假山、植物、铺地等对这些重要的节点加以重点表现，容易形成居住区景观的标志。例如，某居住区会所吸引人注意的是会所与高大的乔木之间的关系，乔木高大伟岸，枝繁叶茂，形态优美，会所大面积墙面映衬着乔木，前景设置矮墙，景观层次丰富了许多（图6-44）。

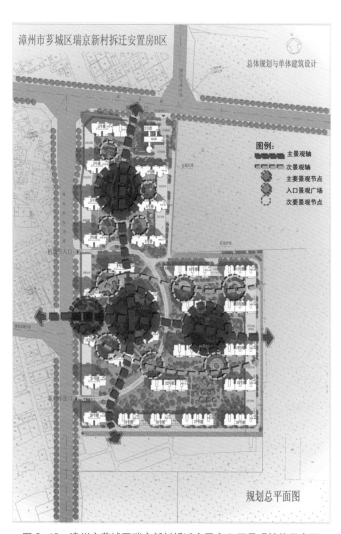

图6-40 漳州市芗城区瑞京新村拆迁安置房B区景观结构示意图

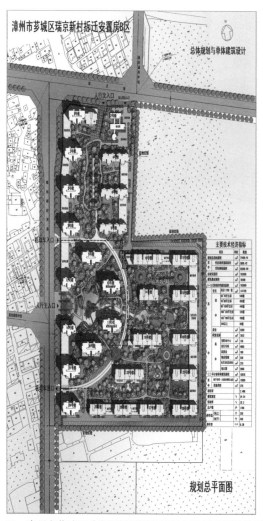

图6-41 漳州市芗城区瑞京新村拆迁安置房B区景观设计总平面图

图 6-42　漳州市芗城区瑞京新村拆迁安置房 B 区小区中心绿地

图 6-44　某居住小区会所构思

图 6-43　漳州市芗城区瑞京新村拆迁安置房 B 区 下沉广场

6.5　小型建筑设计

　　针对风景园林快速考试中的小型建筑通常是指面积约 100 ~ 500 m²、层高 1 ~ 3 层、功能较为单一、结构相对简单、满足人们日常生活需要的建筑，例如小型茶室、小型游客中心、艺术家工作室、别墅会所等（图 6-45）。

6.5.1　小型建筑快题设计考察目的

　　（1）空间的艺术创作能力

　　方案设计：建筑快题设计的主要目标是考察应试者的方案设计能力，并且快题设计还是提高建筑方案设计综合能力的有效途径和训练手段。快题的图面能够便捷而直观地反映出应试者对于建筑基本知识的掌握情况以及实际运用的能力。

　　创作构思：建筑设计的过程也可视为艺术创作的过程，设计者会以自身的审美意识与喜好作为建筑创作的重要依据，并力求将这种观念最大限度地融入建筑创作中，而在不影响建筑的使用功能、技术规范以及经济指标等要求的前提下，优秀的创意可以使快题方案脱颖而出。

（2）设计的逻辑思维能力

建筑设计的逻辑思维能力会体现在设计过程中的各个层面，例如基地分析、方案构思、深化设计、理性判断能力等，而这些设计思想通常会采用图示的方法加以表达（图6-46）。例如通过建筑概念构思草图、各类分析图（如功能组团分析、交通流线分析、景观视线分析等）和过程推演图等，能够让他人清晰地解读设计者的逻辑思维过程，并在可能的情况下有选择、有重点地将这些内容加以深化，进而具体地展现出来。

图6-45　某公园小型茶室设计（师宽绘）

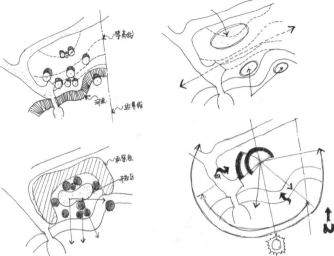

图6-46　建筑基地自然分析（杜红娟绘）

6.5.2　小型建筑的设计原则

建筑方案设计所涵盖内容极其广泛，不同建筑类型均有其自身一整套设计规范和需重点把握的内容，在此不详细列举，需要应试者不断积累，这里只列举风景园林快题考试中应特别注意的基本原则。

（1）功能分区

功能分区作为建筑设计最重要的考核因素，不能出现错误。在条件具备的情况下，还要深入考虑动静分区、公共与私密分区的联系等内容。

（2）结构类型

根据不同类别、体量的建筑要求，可采用相应的建筑结构。小型建筑通常比较自由，因此结构类型可多样化，例如采用墙体承重或梁柱承重等不同方式，若采用框架结构时应注意上下对齐，这样更具模数化，也可以减少不必要的麻烦。

（3）入口空间

入口空间是建筑空间设计的重点。合理而富有新意的入口空间是快题设计的看点之一，但注意入口与建筑整体风格应保持协调统一。

（4）空间形态

空间形态塑造要展现个人的造型能力，要结合地形对空间进行推敲，以创造出丰富的空间形态，但注意建筑空间形态的变化应与地形环境保持协调统一。平面构图要与环境肌理和地形相适应，对体块交接和收尾部分要采取适当的设计手法进行处理。

（5）交通流线

交通流线应明确、通畅。楼梯数量要合适，位置得当，尺寸合理，走廊过道与各房间的联系合理通畅。

（6）面积掌控

快题考试中的面积要求不同于日常方案设计那样严格，不需计算过细而影响设计效率，只要通过对任务书的解读，采用柱网方格来估算，能够合理控制总面积和各功能区面积即可。

6.5.3　小型建筑快题设计方案训练

合理的总体布局、美观的造型、丰富的空间、合理的功能载体、坚实的技术基础、富有创意的表达是建筑快题设计训练中需要重点关注的几个方面。尤其应注意建筑平面、建筑立面、建筑形体空间三方面的设计训练。

（1）建筑平面设计

① 从功能出发

平面设计的首要问题就是要合理安排功能布局，依据考试任务书的具体要求将各功能空间进行分类，并结合设计理念把这些功能分区合理地布置在平面图中，同时还要注意交通组团和卫生间的布置要合乎基本规范，功能布局要从整体上满足人们的使用需求。

② 与地形相结合

地形虽然是限制建筑空间布局的重要因素，但在建筑设计中可因势利导，化不利为有利，使建筑与地形相融合，地形将为建筑增光添色。此外，平地的竖向交通设计较为简便；而坡地由于存在高差变化，其竖向处理就比较复杂，如能加以巧妙利用，却也容易形成空间层次丰富的立体景观；设计临水建筑时要充分考虑运用亲水、引水等设计手法来组织建筑与水体的关系，从而做到形神兼备（图6-47）。

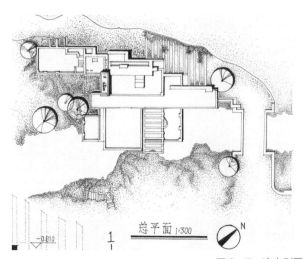

图6-47　流水别墅与地形完美结合（谢俊鸿绘）

③ 组织交通流线

建筑的内部交通、建筑各单体或建筑各部分之间的交通联系是平面表达的重要内容之一。通常建筑单体内部采用外廊式或内廊式交通方式，如若建筑包含内院、内庭则应采用回廊式交通方式，建筑各部分或各单体间的廊道联系应结合具体功能进行综合考虑；要注意主入口、次入口与交通廊道的有机结合；要注重在适当位置放大空间以打破呆板生硬的空间形态，这样可以避免出现因交通廊道狭长而产生的单调感。

④ 考虑动静分区

在建筑空间分类时要充分考虑动、静功能的区域特征，空间处理上要将干扰性强的空间（如运动、娱乐空间等）与安静的空间（如休憩、办公区等）进行分离，从而避免相互影响，例如可将噪声较大的房间单独设置在建筑边角区域或与主体建筑相分离。

⑤ 与环境相融合

建筑平面设计还应充分考虑到环境情况，例如原有古迹、植被、周边的风景特色，将其作为建筑方案设计灵感的来源加以灵活运用，这样还能为建筑赋予某种文化内涵，使建筑创作的意境得到升华。

（2）建筑立面设计

① 注重地域文化特色

地域的民族文化特色很多时候要通过建筑立面设计才能得以表达（图6-48）。例如贝聿铭先生设计的苏州博物馆，建筑外墙采用粉白墙面、青石勒脚，并运用江南园林特有的建筑开窗形式，塑造出极具中国传统文化韵味的现代都市博物馆。

② 把握比例尺度关系

建筑的尺度感要通过与周围建筑的比例关系或者与人的空间关系的对比才能体现出来，不同的建筑功能属性有不同的建筑尺度与横竖比例。不同体量的建筑实体需要推敲不同的建筑立面分隔比例。

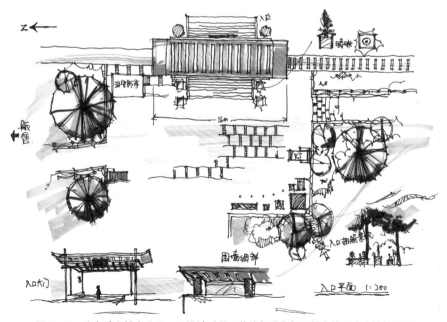

图6-48　北京香山松堂公园入口设计采用了传统与现代相互糅合的形式（杜静涵绘）

③ 运用虚实对比处理

虚实关系一直是建筑立面处理的重要法则，不同大小的虚实空间交错组合可以塑造出生动、丰富的立面效果，但要注意虚实不可对等，需要有一方具有主导性。其中坚硬的、不透光的材质和突出的、封闭的墙等通常被看作实体；而柔软的、透明的材质和凹进的、半开敞的空间等都被看作虚体。此外，绿化、水体等也被视为虚体。由水泥、石材、金属面材等材质所构成的建筑墙面都是体现实体概念，而玻璃、格栅等材质所构成的门窗空间形式主要是表达虚体概念。

④ 强调主入口

主入口是建筑立面设计的点睛之笔，因此对其体量、造型、材质、色彩、层次、细节等方面进行深入刻画，以达到突出强调的作用。

⑤ 门窗与脚线

门窗的立面设计中主要通过刻画阴影与玻璃材质表现层次感，丰富立面内容。建筑脚线的装饰作用更为明显，同时也可以反映出建筑的尺度与比例，但有时会掩盖建筑的真实尺度，从而影响着人们对建筑体量的认识。

⑥ 屋顶与檐口

屋顶与檐口的设计既能体现建筑文化的属性，又能美化和装饰建筑形态，而这都将影响建筑的气质。形式多样的屋顶和檐口既可以与周围历史环境一脉相承，又可以在现代城市独树一帜。

⑦ 材质与色彩

快题表达力求体现建筑的整体效果，因而设计中不需刻意描绘材质（图6-49，图6-50），可采用黑白线条或色彩块面来表达材质，局部可用钢笔对材质进行适当刻画，以显生动。

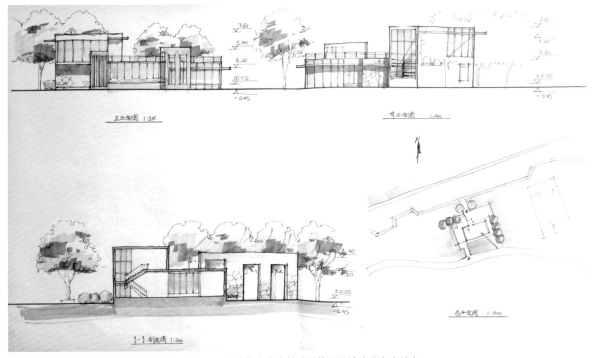

图6-49　突出线条表达的建筑快题设计（曹心童绘）

图 6-50　突出色块表达的建筑快题设计（曹心童绘）

（3）建筑形体空间设计

① 形体削切与变形

建筑单体造型设计通常属于基本形体的变化，基本形体经过各种切割与整合会出现各种的新形态，与原有基本形态之间又会存在密切关联，这是建筑设计常用的工作方法，通过这种方式可以挖掘出建筑的新气质（图 6-51）。

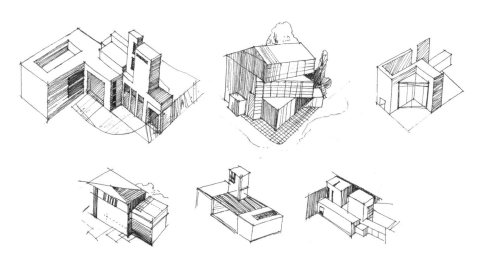

图 6-51　建筑设计构思中的形体变化（杜红娟绘）

② 形体穿插与组合

建筑组群或单体的有机组合，需要依靠建筑形体间相互穿插才能得以实现，同时不同功能形态的建筑空间需要交通空间进行连接，才能构成有机的建筑整体。穿插组合的关键是寻求建筑空间整体的秩序感。快题考试中要熟练的运用形体的穿插组合方式，使各个功能能够合理而有序的组织成为建筑的空间语言。

③ 异形曲面与空间

通常不提倡在快题设计中采用异形曲面空间，主要是因为这类空间的面积不易控制，也不好利用，并且在图面表达上比较难以把握。如若作为建筑表皮的一种装饰形式，可以适当应用以增加建筑形态的变化。

④ 丰富的建筑细部

快题考试中丰富的建筑细部处理更具吸引力，同时也会给阅卷人以良好的第一印象，因此应试者在快题设计中要投入较多时间用于修饰、深化建筑细部，虽然这与建筑空间利用、结构体系设置没有必然联系，但这样可以深化和美化建筑形体，并强化建筑图面的表达，此外，还能够体现出应试者所具备的扎实功底。

⑤ 建筑表皮与空间

外墙通常能够直接反映出建筑内部空间形态，而单纯用于装饰的外墙也可以掩盖内部空间的形态，例如以曲面外壳作为建筑表皮的装饰，其内部空间仍可以是规则的几何形体，即使相同的平面设计方案也可以派生出风格迥异的透视效果图，这完全取决于采用何种样式的建筑表皮。最合理的建筑空间设计是外部形象能够真实地反映内部空间的形态，例如由扎哈·哈迪德设计的维特拉消防站，异型的外形特征造就了特别的内部空间，给人以不同寻常的空间感受。

（4）影响小型建筑快题设计质量主要因素

主要包括建筑与环境相对脱节，缺乏相互联系；功能分区不明确，有明显的划分错误；各交通入口位置设置不当，并缺少相应的集散空间；交通流线组织混乱，空间导向模糊；楼梯与卫生间的数量不足，位置设置不当；建筑空间设计形式单一，缺乏变化和新意；建筑形体琐碎或呆板，缺乏合理的组织安排；建筑结构类型模糊，梁柱模数不合理，开间、进深处理杂乱。

6.5.4 小型建筑快题设计表达建议

（1）图面的完整与收放

建筑快题设计最终以图纸作为设计评判依据，即使因时间短暂而不能充分、全面地表达设计意图，也应尽量将图纸表达得完整丰富。首层平面与透视图尤为重要，首层平面不仅能够表现出建筑布局、功能、流线、内外部空间等众多信息的图示语言，同时也可体现出设计者的专业素养。此外，应注意明确表达室内外环境的关联性和完整性，首层平面的外部环境要素，包括道路、踏步、铺装、绿地、植被、水面、车位等，都不能省略，加之门窗、墙体及家具表达，会使图面更加生动、完整（图6-52）。

透视图可以展现出建筑风格、形象、立面及环境氛围等诸多信息，应该不惜花大力气进行刻画。在表达中应避免图面过小、对比关系过弱，对于常见配景，例如人物、车辆、树木等配景元素需做相应练习，将其绘制在透视图中，可以起到很好的陪衬作用。

（2）表现的风格统一

小建筑快速表达形式多样，但应追求绘制风格的统一，是浓重还是淡雅，是讲求线条美感还是强调"黑白灰"

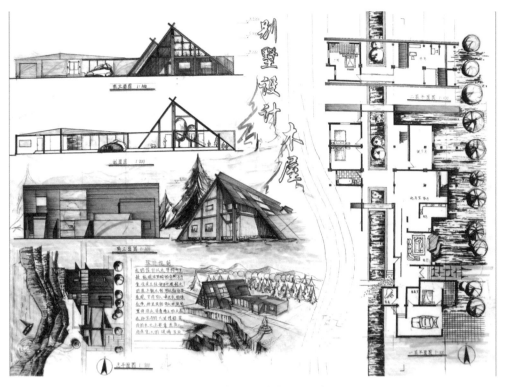

图6-52 丰富的图面表达（樊应健绘）

大关系，是追求工程图的精细感还是洒脱的写意感，应根据自身条件有针对性地进行反复练习，通过不断摸索和创新才能形成自己的技法和习惯。

（3）时间的整体把握

快题考试时间有限，所以选择恰当的表现形式至关重要。不同时间的快题设计表达程度大不相同。把握时间也是一种重要技能，如果因没有控制好时间而无法完成图面或造成重要透视图表达简单空洞，即使构思再好，也不会取得理想成绩。因此在考试时，要能统筹安排时间，有计划地进行每个步骤，这需要日常大量练习才能掌握。

6.5.5 小型建筑的常用规范与指标

小型建筑设计所涉及的规范内容十分广泛，但针对快题考试，首先要掌握最基本的概念和知识，因此作者简要总结考试中与其密切相关的部分内容，供读者参考。

（1）民用建筑设计常用概念

用地红线：各类建筑工程项目用地的使用权属范围的边界线。

建筑密度：在一定范围内，建筑物的基底面积总和与用地面积的比例（%）。

容积率：在一定范围内，建筑面积总和与用地面积的比值。

层高：建筑物各层之间以楼，地面面层（完成面）计算的垂直距离，屋顶由该层楼面面层（完成面）至平屋顶的结构层面或至坡屋顶的结构层面与外墙外皮延长线的交点计算的垂直距离。

室内净高：从楼，地面面层（完成面）至吊顶或楼盖，屋盖底面之间的有效使用空间的垂直距离。

台阶：在室外或室内的地坪或楼层不同标高处设置的供人行走的阶梯。

坡道：连接不同标高的楼面、底面，供行人或车行的斜坡式交通道。

（2）入口坡道

公共建筑入口设台阶时，必须设轮椅坡道和扶手。小型公共建筑入口轮椅通行平台最小宽度应大于等于1.5 m。供轮椅通行的坡道应设计成直线形、直角形或折返形，不宜设计成弧形。不同位置的坡道，其坡度和宽度规定见表6-4。

表 6-4　公共建筑入口坡道

坡道位置	最大坡度	最小宽度 /m
有台阶的建筑入口	1：12	≥ 1.20
只设坡道的建筑入口	1：20	≥ 1.50
室内走道	1：12	≥ 1.00
室外通路	1：20	≥ 1.50
困难地段	1：10 ～ 1：8	≥ 1.20

（3）走道和通路

乘轮椅者通行的走道和通路最小宽度应符合的规定：中小型公共建筑走道 ≥ 1.50；建筑基地人行通路 ≥ 1.50（表6-5、表6-6）。

表 6-5　楼梯与台阶设计要求

类别	设计要求
楼梯与台阶形式	① 应采用有休息平台的直线形梯段和台阶 ② 不应采用无休息平台的楼梯和弧形楼梯 ③ 不应采用无踢面和突缘为直角形踏步
宽度	公共建筑梯段宽度不应小于 1.50 m

表 6-6　残疾人使用的楼梯，台阶踏步的宽度和高度

建筑类别	最小宽度 /m	最大高度 /m
公共建筑楼梯	0.28	0.15
室外台阶	0.30	0.14

（4）公共厕所设计标准

公共厕所是小型建筑设计中极其重要的内容之一，要合理设计才能保证人们正常使用，其中各类洁具应依据使用者的不同性别、规模等因素进行综合考虑（表6-7）。

表6-7 饭馆、咖啡店、小吃店、茶艺馆、快餐店为顾客配置的卫生设施

设施	男	女
大便器	400人以下，每100人配1个；超过400人每增加250人增设1个	200人以下，每50人配1个，超过200人每增加250人增设1个
小便器	每50人1个	无
洗手盆	每个大便器配1个，每5个小便器增设1个	每个大便器配一个
清洗池	至少配1个	

6.6 城市滨水区

城市滨水区是城市中水域与陆域相连的一定的区域的总称，一般由水域、水际线、陆域三部分组成。城市滨水区景观设计要协调好人与自然环境，特别要符合可持续发展的目的。

6.6.1 城市滨水区的分类

（1）按土地使用性质分类

依据土地的不同使用性质，可以将城市滨水区划分为滨水行政办公区、滨水商业金融区、滨水文化娱乐区、滨水住宅区、滨水公园区、滨水风景名胜区、滨水工业仓储区、滨水港口码头区等。

（2）按空间特色与风格分类（图6-53）

① 东方传统滨水区

主要以中国江南水乡为典型代表，例如周庄、乌镇、同里等，其主要特点是具有水陆两种相互补充的交通系统，从而形成多样的滨水街道与广场；形式多样、尺度宜人的桥梁景观等。江南水乡可以充分体现出传统滨水空间的自然性、有机性、历史性和文化性等特征。

② 西方传统滨水区

主要以意大利水城为典型代表，例如威尼斯等，与江南水乡相比，除滨水建筑所体现的不同传统文化特征外，从滨水空间上看，意大利水城的城市河道空间更具有秩序性和层次感，并且滨水街道、广场的开放性更强，更加突出滨水活动的丰富多样性。

③ 现代滨水区。

典型代表如上海黄浦江外滩地区、天津海河沿岸地区等，现代滨水区首要面对的问题是如何改善城市滨水环境，恢复已失去的滨水文脉环境，并把现代丰富多彩的生活与滨水环境完美结合。

（3）按空间形态分类

① 带状狭长型滨水空间

例如城市里的江、河、溪流等，如城市中的江、河、溪流等。由于水面的尺度不同，所形成的带状滨水空间就会大相径庭（图6-54）。

② 面状开阔型滨水空间

例如湖、海等，一边朝向开阔水域，往往更强调临水一侧的景观效果（图6-55）。

图 6-54　狭长型滨水空间（彭历拍摄）

图 6-53　东方传统 / 西方传统 / 现代滨水区（彭历拍摄）

图 6-55　开阔型滨水空间（彭历拍摄）

6.6.2　城市滨水区的设计原则

　　城市滨水区设计涉及城市生态系统的平衡发展、生产生活的安全保障、历史文化地区生活方式的继承与发扬等诸多内容，同时涵盖了物质、文化和精神等众多领域，因此必须考虑滨水环境与城市肌理的关联性，增强滨水空间，尤其是滨河、滨江等线性滨水空间功能区域间的有机联系，并运用生态手法进行设计，以完善滨水空间的生态系统。此外，应鼓励公众参与规划设计，提升滨水空间的区域认知。另外，还要采取多样化和可持续的开发模式，推动城市公共开放空间体系的建立与完善，维护社会公众基本权益。总之，城市滨水区景观设计应遵循的主要原则包括环境优先原则、规划深化完善原则、空间构成原则、亲水原则、延续历史文脉原则、多学科支持原则。

6.6.3 城市滨水区的设计程序

只有掌握城市滨水区设计的系统方法，并结合平时针对性的训练，才能在快题考试中稳定发挥，下面笔者总结出城市滨水区设计的一般程序，供读者参考。

（1）确定核心目标

设计重点取决于设计目标。确定设计目标主要涵盖环境、社会、经济等三方面内容。环境目的是要确保区域内生态环境的平衡发展，并且要积极保护和修缮历史性纪念物，大量栽种植被，同时修建绿地、人行步道、景观小品，从而提高整个滨水区域的环境品质；社会目的是指要大力促进亲水活动的开展，并提供各类亲水设施，确保市民参与公共交流和公共生活的权益，例如休息、游戏、庆典、教育等各项社会公共活动（图6-56、图6-57）；经济目的是指要在一定程度上满足经济收益，从而符合商业经营活动的客观需要。

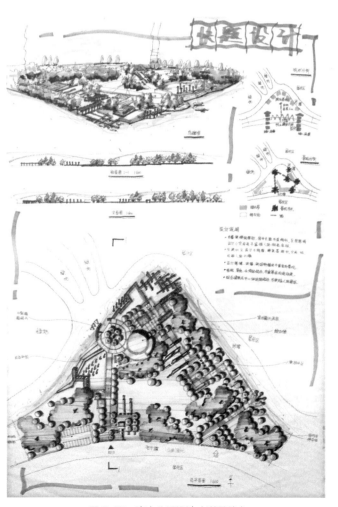

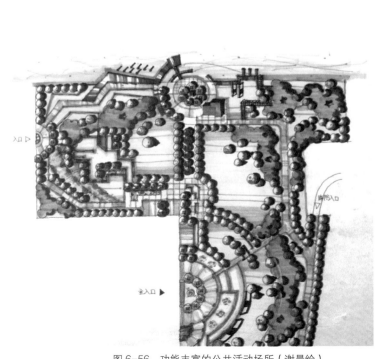

图6-56 功能丰富的公共活动场所（谢晨绘）　　　　图6-57 滨水公园设计（谢晨绘）

（2）分析环境对象

环境对象主要包括环境、社会、经济等方面的内容。环境要素包括自然景观、自然环境、人工构筑环境、周边交通状况、周边公共服务设施、场地条件等；社会要素包括人口的社会属性、活动行为类别和频率、公众参与公共生活的意愿等；经济要素包括现有土地和各种现存设施的所属情况、现有设施的经营状况等。

（3）评析场地现状

通过对调研结果的分析整理，并采用图示法发掘出场地的主要景观特征，从而掌握滨水景观空间环境的外在和内在价值。此外，通过对场地的科学分析，在技术层面上客观分析场地景观环境条件，并提出改善环境的具体措施和方法。

（4）形成设计方略

从滨水现状条件出发，制定亲水活动设施的类别。通过滨水空间的景观环境改造，结合现在的亲水活动和未来区域的整体需求，提出亲水活动的具体类别。此外，要设计亲水活动设施，并提出设计细则。从亲水活动角度考虑设施的配置，例如栈道、散步道、自行车道、休息廊亭、座椅等，同时兼顾区域整体需求可设置停车场、商业设施、安全疏散广场、大型游戏设施等。

（5）进行深化设计

绘制滨水空间景观设计的总平面和相关功能剖面图（图6-58），并对方案的可行性进行深入探讨；细化设计各功能空间以及深化安全和疏散应急设计；设计景观雕塑小品、构筑物等公共艺术设施，以提高滨水空间整体的环境品质与艺术性；完善驳岸、铺装、植栽、材料工艺等内容的细部设计。

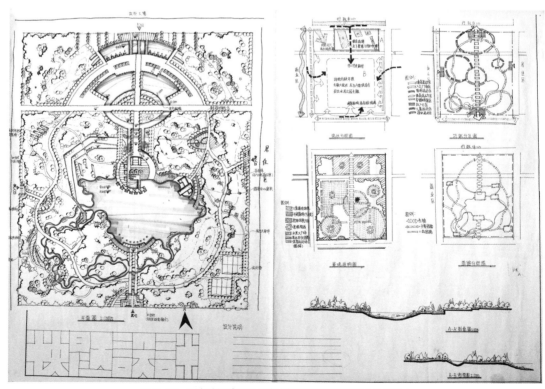

图6-58　西安浐河滨河公园规划平面图和剖面图（段妍绘）

6.6.4　城市滨水区的亲水设计

亲水设计是城市滨水区快题考试考察的重点，是考查应试者掌握滨水空间设计基础理论和具体手法的有效途径。因此应试者要对亲水活动的类别（表6-8）和空间范围（图6-59）有非常清晰的认识，才能在考试中准确而有效地完成设计方案。

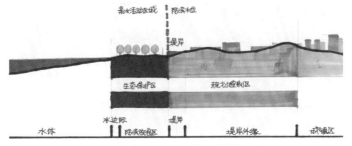

图6-59　亲水活动空间范围（杜静涵绘）

表6-8　亲水活动性质分类

活动类型		活动内容
观赏型亲水活动	观赏	观赏秀美的自然风光、赏花、观看动植物等
	游玩	自由漫步、摄影、写生
休闲型亲水活动	野营	接触体验自然活动、宿营、烧烤
	戏水	水边戏水、空地上游戏
	捕捉采摘	捕捉昆虫、采摘花卉、果实
	休闲	情侣约会、散步、交谈等
	郊游	到访名胜古迹、遗迹等
运动型亲水活动	水上	汽艇拖板划水、漂流、水上冲浪、快艇比赛、帆船竞技等
	水边	垂钓、迷你高尔夫、放风筝、航模等
	堤岸	自行车运动、长跑、慢跑等
临时聚会型亲水活动	聚会	临时庆祝活动、朋友聚会
	娱乐	舞会、歌咏会、焰火晚会等
传统文化型亲水活动	民俗	祈祷祭祀活动、七夕节等传统节日
	民间活动	放孔明灯、赛龙舟、饮酒赋诗
考察研究型亲水活动	科学研究	研究水生动植物、水边际动植物群落和小气候环境等
	科普教育	观察水生动植物生长特性等
其他类型亲水活动	一般行为	散步、坐、躺、谈话、休闲等受场地限制小的一般活动

注：资料来源于《滨水景观设计》

（1）亲水设计的原则

充分尊重原有滨水空间的生态环境特征；亲水设施要具有一定自由度，并兼顾常态和临时亲水活动的需求；能够充分调动人们的感官享受，具备观赏性、趣味性和游戏性；亲水设施功能配置合理，具备安全性、便利性和舒适性；还要注意考虑滨水空间防洪安全和避难应急的需要。

（2）亲水设施总平面设计

亲水设施是滨水空间设计的重点，它将直接影响滨水空间的整体形象和区域特点。因此要注意以下几点内容。

① 要考虑各种亲水设施设置的合理位置以及相互间的联系，通过栈道、散步道等设施进行连接，从而形成连续的有机体（图6-60）；并且在沿水岸边际到堤岸布置垂钓、涉水、游船码头等亲水活动，打造亲水活动空间向休闲性活动空间的过渡，形成立体的空间布置形态。

② 要兼顾各种生物群落，特别是水生植物群落和鸟类、珍稀动物的保护。可设立一定宽度的隔离区域，从而使人和动植物能够互不干扰，到达生态的平衡（图6-61、图6-62）。

③ 还要充分继承原有历史肌理，对原有历史性建筑、码头、植被等元素加以修复、改造，以增加新的亲水活动功能。

④ 亲水设施要考虑市民使用的舒适性，合理设置遮阳、避雨等设施（图6-63），还要考虑人们的环境行为习惯等因素，例如休憩座椅之间的间距不应大于250 m。

⑤ 总平面布置应有明确的交通流线和应急路线，还要兼顾多功能一体化的需求，从而满足不同使用人群和不同情况下的使用要求。

⑥ 要合理规划停车场、商店等辅助设施的位置，并要合理布置公共服务设施的位置。

图6-60　滨水栈道的有机联系（杜静涵绘）

图6-61　设置滨水生态保护隔离区域1（杜静涵绘）

图6-62　设置滨水生态保护隔离区域2（杜静涵绘）

图6-63　设置遮阳棚（杜静涵绘）

6.6.5 城市滨水区的细部设计

（1）边际驳岸设计

与水面间高差大于1.5 m以上的边际驳岸称为堤防，在防洪条件允许的情况下，可以采用缓坡，进行绿化栽植，以增加水岸的景观生态功能。此外，还可以利用堤防的高度优势塑造出眺望台、观演台等景观样式，以丰富景观水岸的空间形态（图6-64）。

建议水滨驳岸采用台阶式多层结构（图6-65），这样既可以抵御洪水又能够增加滨水空间的可能性。人工自然驳岸采用竖向上的硬质景观与软质景观相互渗透以及台式的分层处理模式。例如根据洪水线的不同设置不同层次的开放空间，在水岸边布置一些平台、台阶、栈桥、石矶等，增加亲水性。

此外，设计中还可以采用直线型刚性结构护岸的人工复试河槽，由中隔墙分成两渠。一部分是景观用水的清水区，另一部分是排洪灌溉的混水区。这种设计兼顾城市景观与防洪的不同功能需要，但岸线僵直呆板，缺乏生气，同时隔断了生态流的交换。而采用柔性结构，在保留河流原有曲线形态的基础上，采用阶梯式干砌石块、金属网垒等与自然缓坡相结合的方式，可以形成自由多变的岸线，这种护岸软硬景观相结合，质感和层次较为丰富，对生态系统干扰小。

（2）配套设施设计

滨水绿地的休憩设施主要包括休息座椅、座墙、遮阳（雨）棚、休息亭（廊），以及其他一些能提供人们停留休憩的小品设施（图6-66、图6-67）。

设施类型应齐备，能满足各种类型活动的需要，这其中主要包括道路交通设施如停车场、游船码头；体育运动设施如运动场、健身场地；餐饮与娱乐设施如餐厅、茶室、咖啡屋；市政配套设施如公共厕所、电话亭。

建议分散式布局；小型设施（或者综合性小型

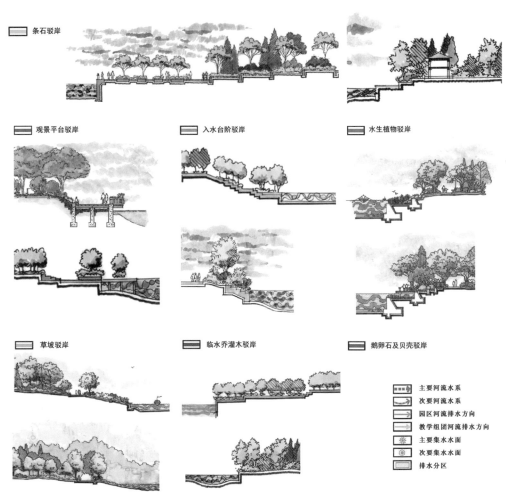

条石驳岸

观景平台驳岸　　　入水台阶驳岸　　　水生植物驳岸

草坡驳岸　　　临水乔灌木驳岸　　　鹅卵石及贝壳驳岸

▭▭▭ 主要河流水系
▭▭▭ 次要河流水系
▭▭▭ 园区河流排水方向
▭▭▭ 教学组团河流排水方向
✳ 主要集水面
◎ 次要集水面
▭ 排水分区

图6-64　多样的驳岸边际设计（资料来源：山东建筑大学建筑规划学院）

图 6-65　多层结构的驳岸设计

图 6-66　各种滨水配套设施 1

图 6-67　各种滨水配套设施 2

设施）应以点状分布形式隐在绿色基底内；设施与道路系统联系紧密，增加设施的可达性。

（3）植物造景设计

滨水空间的植物造景要兼顾滨水区的生态防护功能和市民休闲需要，尽可能选用乡土树种和地方性自然群落组合，在生态性较强的区域应采用天然植被和群落进行配置，并注意恰当运用陆生、水生和湿生植被种类及乔木、灌木和地被群落组合；群体效果方面要保证主干植物或群落应具有一定规模，避免杂乱无章；季相和林相方面应注意展示不同季节植物景观特色，例如春天生机盎然，夏季郁郁葱葱，秋天万紫千红，冬天苍松翠柏。此外，如采用林地为主的植物造景方式，要注意控制好乔木、灌木等的比重，活动场地（包括大草坪）应镶嵌在林间和滨水地带。

（4）标准段设计

滨河绿带，需要采用一种标准化、统一化的元素来整体协调，使滨河景观在形式上形成一个有机的整体，主要体现为以下几个方面：建立贯穿整个滨河绿地的步道系统，滨河步道采用统一模式的铺装；用统一的景观元素与材料实现连贯一致的河岸线景观风格，例如休息座椅、亭、廊的形式等；通过骨干树种来统一植物；在多个不同的位置和高度上提供给人们大量的亲水机会，形成堤上堤下两层活动空间。

6.7　城市商业区

商业区是指城市内商业网点集中的地区，一般位于城市中心交通方便、人口众多的地段，常以大型批发中心、大型综合性商店为核心。一些城市的商业区往往是商业、文化、娱乐等多功能的集合体，在城市景观占有特殊地位，有商业、旅游观光、文化展示等多重意义。

6.7.1　城市商业区分类

根据位置、形态、规模和职能的不同，一般将商业区分为：中心商业区、较大区域的商业中心、较小区域的商业中心、局部区域商业中心。中心商业区是城市商业中心和城市社会生活的中心，一般位于城市中心区最为繁华的街区和街道，地价昂贵，交通便利，人流量惊人，如北京的王府井、南京的夫子庙、上海的南京路等。

而城市游憩商业区（RBD），是城市中将商业、游憩业和旅游业相互融合，围绕商业设施形成的集休息、娱乐、休闲、观光、购物为一体的区域。包括大型的购物中心（Shopping Mall）、特色步行街、旧城历史文化街区等。在这些景观设计中应重点考虑营造浓厚的商业氛围，将娱乐、休闲等多种功能融合，结合气候进行设计。近年许多城市建设中心商务区 CBD 的呼声提高，如上海市有以外滩为中心的金融为主的中心事务区和以南京东路为中心的中心商业购物区。图6-68 中的三个商业区快题设计各具特色。第一个案例的整体布局以圆广场为中心，园路向外发散，与建筑及周边道路相连，布局灵活，中心明确；第二个案例展现了舒适的绿色空间氛围，以弯曲的园路联系周边建筑，充分打造了一处宁静、优雅的商业区小花园；最后一个案例，建筑布局较规整，三面围合，一面临路，商业广场采用了堆成的中轴线布局形式，结构清晰，气势宏大。

6.7.2 营造商业氛围——主要出入口设计

出入口设计的关键，简单地说，就是要最便捷地将不同人流引导到相应的目的地。即便是商业区，其人流中的大多数也不是完全为了购物而来，大多是无目的性的购物、休闲、交往行为是其主要方面。出入口设计应当帮助不同人流便利地到达想到达的地方。上海静安寺广场是一个下沉式、多功能、立体的商业空间，其出入口运用自动扶梯、大台阶、通道连接了地铁、公交、静安寺、公园等，该广场设计通过设置一个地下庭院作为人流集散中心，将地铁人流、广场活动、公园景观很好地结合在一起（图 6-69）。

商业可分为多种类型：步行街、精品店、Mall购物中心等，景观设计要合乎它们的商业定位，准确地构筑适宜于相应商业氛围的场所。如三里屯village 就是一个富有地域传统特色景观的步行商业街区，采用北京传统的四合院、胡同作为设计构思，它的地下商场出入口利用竹子、大台阶元素，将室外空间中的树木绿化作为借景，在一定程度上降低了其地下空间的幽闭感（图 6-70）。

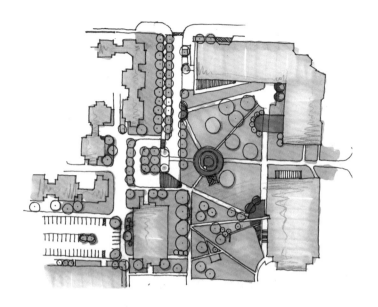

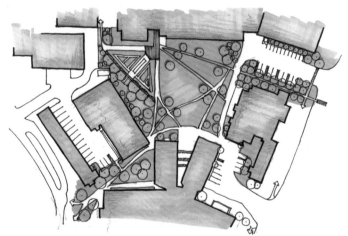

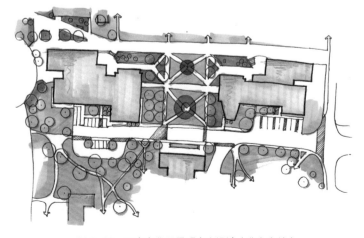

图 6-68 三个商业区景观方案设计（曹心童绘）

6.7.3　商业结合休闲——开放景观设计

随着城市内部功能的日趋复合化，城市商业区逐渐集休闲、娱乐、购物于一体，以满足人们逛街购物的多元

图6-69　上海静安寺广场出入口

图6-70　三里屯Village北院地下商业出入口

化需求。商业区景观设计不再是呆板的、硬质的建筑空间，要通过各种景观手段打造舒适的休闲场所，创造各种各样的多功能商业空间。

三里屯village商业区下沉庭院的成功之处主要是创造了室外开放景观，将胡同、庭院、空中走廊、室外广场等多种要素组织成为立体网格，将商业和娱乐休闲结合。图6-71是三里屯北区的下沉庭院，由于标高变化，庭院风速降低、湿度增加，夏季颇为舒适。图6-72描绘的哈尔滨商业街开放空间创造出了围合感较强的场所，适宜于北方寒冷的气候条件。

6.7.4　设计结合气候——舒适的商业环境

商业区景观设计与生态设计相结合的案例有很多，主要的目的在于改善硬质建筑围合的小气候环境。植物、水景、花池、树池等景观元素是改善商业环境的重要手段。同时，结合建筑的底层空间处理，将室外景观与室内空间有机联系，形成良好的过渡。

商业空间的设计与地域环境关系紧密，在加拿大冬季严寒气候下，多伦多火车站附近的地下空间是市民喜爱的场所；而我国南方的骑楼，则是结合气候的一种景观，十分适合南方多雨之气候。景观设计必须考虑气候因素，图6-73为某南方商业中心的下沉广场地下空间，广场种植两颗大树，可在炎炎夏季为空旷的广场提供遮蔽。

图 6-71 三里屯 Village 北院下沉庭院

图 6-72 哈尔滨步行商业街的开放空间

　　景观设计应利用环境中各种有利条件,结合气候、地形、植物来创造舒适的商业环境。北京的气候是冬冷夏热（虽然短暂,但似乎有愈来愈热的趋势）,景观设计如果能够考虑到外部空间的形态、竖向、栽植,使其能营造出适应于但其气候,做到夏季无暴晒、有微风,冬季能获得日照,无局促强风,则是非常成功的设计了。例如三里屯 village 的入口广场从城市道路后退一定距离,利用原有城市建筑轮廓线围合形成了尺度感很强的广场空间（图 6-74）。

图 6-73 南方某商业中心下沉广场

图 6-74 三里屯 Village 入口广场景观

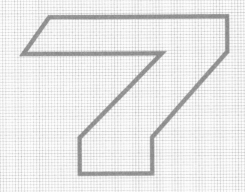

第 7 章 风景园林快题设计实例分析

快题案例设计过程剖析

重点高校硕士研究生入学考试真题及实例分析

7.1 快题案例设计过程剖析

7.1.1 城市滨水绿地设计

（1）题目

南方某市有一块场地将要进行规划设计，该场地位于该城市滨水绿地的一部分，设计时需要考虑整个滨水绿地的整体性，注意与周边绿地的联系，场地内最大高差近6m，设计时需考虑高差（图7-1）。

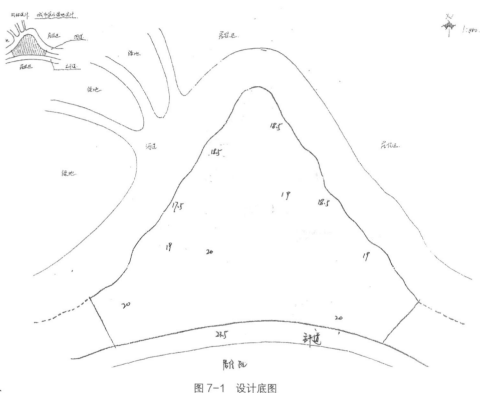

图7-1 设计底图

设计要求如下。

① 设置一个20个停车位的机动车停车场

② 设置一个自行车停车场

③ 在场地内合适的地方设置一个1000m² 的综合型建筑（兼茶室、卫生间、管理于一体）

④ 建筑外部设置露天茶座和一小型儿童游乐场地

⑤ 设置一个小型游船码头

设计任务如下。

① 平面图 1:600

② 鸟瞰图 1 张

③ 图纸画在 A2 的复印纸上

时间要求：6 个小时。

（2）设计过程

① 解读设计要求

在快题设计考试紧张的状态之下，很多考试者不可避免会产生慌乱的心理。在这样的情况下，拿出一部分时间详细解读设计要求是很重要的。

其一，每个考题都有一定的特殊性，把握考题的关键考查点至关重要。针对城市滨水绿地设计这个题目，首先题目中说明该地块在南方，在设计构思中需要考虑南方的气候条件适合的植物，还有适宜南方特色的景观处理（图 7-2）；

其二，设计要求中通常明确提出场地的设计定位，一旦误读，定位偏差，将对整个设计产生很大影响。该题目要求对场地进行规划设计，该场地属于该城市滨水绿地一部分，要求在设计中考虑与周边绿地的联系和整个滨水绿地的整体性，打造融入城市的滨水绿地景观（图 7-2）；

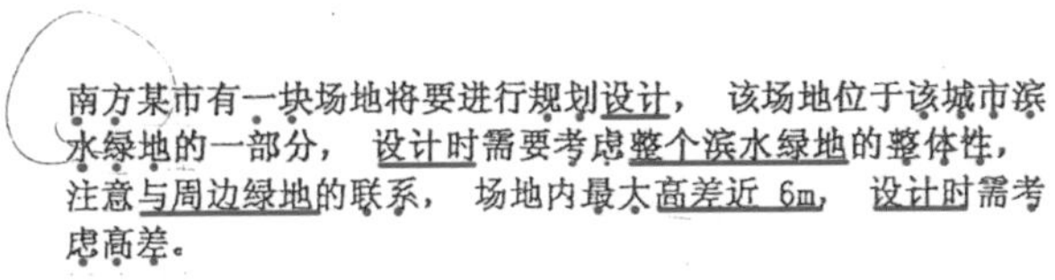

南方某市有一块场地将要进行规划设计，该场地位于该城市滨水绿地的一部分，设计时需要考虑整个滨水绿地的整体性，注意与周边绿地的联系，场地内最大高差近 6m，设计时需考虑高差。

图 7-2　题目关键点

其三，设计要求中提出的设计要点、制图要求与成果要求通常会成为评判快题设计的基础点，包括设置能容纳 20 个停车位的机动车停车场、设置自行车停车场、设置 1000m² 的综合型建筑、露天茶座、小型儿童游乐场地和小型游船码头；另外还有平面图绘制要求：比例为 1：600、鸟瞰图、纸张要求 A2。以上每一条都不能忽视，保证图纸整体的完整性和规范性（图 7-3）；

其四，在解读任务书的过程中，也可以平复考试紧张的心情，带领考生慢慢进入设计状态。总之，解读任务书的这一阶段是绝对不能忽视的，它是快题设计重要的解题钥匙。

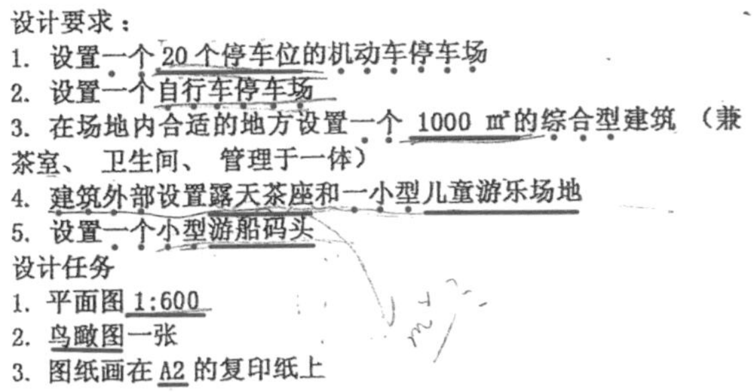

设计要求：
1. 设置一个 20 个停车位的机动车停车场
2. 设置一个自行车停车场
3. 在场地内合适的地方设置一个 1000 ㎡ 的综合型建筑 （兼茶室、卫生间、管理于一体）
4. 建筑外部设置露天茶座和一小型儿童游乐场地
5. 设置一个小型游船码头
设计任务
1. 平面图 1:600
2. 鸟瞰图一张
3. 图纸画在 A2 的复印纸上

图 7-3　设计要求关键点

② 现状分析

快题设计要求在较短的时间内完成一套设计图纸，其中，整体思路的把握是至关重要的。在认真理解设计要求的基础上，需要一套清晰的思路指导设计的完成。其中第一步就是分析场地设计现状条件，这是进入快题设计的第一步（图 7-4）。

场地的周边环境比较简单，场地北面为河道，北、东、南三面均是居住区，西侧都是绿地，这直接影响到场地设计的定位、使用人群，以及场地主要出入口、分区等规划内容，所以对周边环境的分析是设计着手的基础。

该场地属于该城市滨水绿地的一部分，保持整个滨水绿地的整体性体现了现状分析的重要性。场地之中的 6m 高差，以及河道是需要特殊考虑的，怎样结合河道与高差规划设计成为一个关键点。

点评：在该地块中，首先要考虑与水景的结合。设计时怎样将河道的水引入场地内的景观，既保证整个绿地景观整体性，也为场地增添趣味性。场地之中的高差也是一个可以运用的设计元素，6 m 的高差可以形成微地形。复杂的现状既是挑战也是机会，容易形成比较突出的方案设计主题和巧妙的处理手段。

③ 方案构思

方案设计构思中的主题确定能够为快题设计加分，尤其是在南方城市滨水绿地这样的场地中，南方和水能让人联想到水车，以水车的造型改变简化成设计元素，恰当的主题能够突出场地设计的整体性，使整个快题设计内容更丰富（图 7-5）。

该场地的构思主题以水车作为切入点。水与南方，让人很自然的联想到了南方特别的景色——水车。作为城市滨水绿地的一部分，设计中除了要与周边河道相结合，还要注意与场地周边绿地保持整体性，能与之遥相呼应。水车独特的结构和材质，为设计提供了一定的形式感和材质提示，提炼水车的轮廓，并进一步抽象化，与场地内的道路组织，空间布局相对应。曲线的形式与水的柔美相呼应，同时又可以灵活设计，软化略显硬质的景观（图 7-6）。

点评：以水车作为设计主题的切入点，可以让场地的景观设计直接与地域特性进行对话；同时，抽象的水车与水带的图案感和流线性加强整个方案的整体性；另外，将河道的水引入场地中，既呼应了滨水绿地，也丰富了场地中景观的层次。

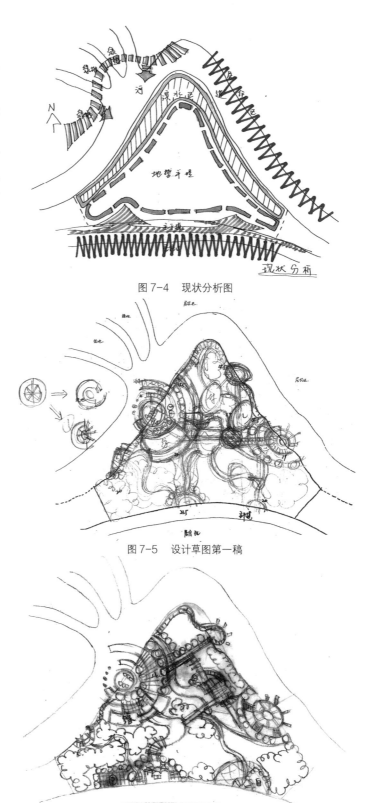

图 7-4　现状分析图

图 7-5　设计草图第一稿

图 7-6　设计草图第二稿

④ 基本图纸绘制

■ 分析图

功能分区按照场地现状及周边环境的分析得出，同时与道路系统相配合。功能分区保证满足动静区域的隔离、不同活动区域的基本需求等（图 7-7）。

交通分析用以组织道路系统，形成完整合理的交通体系。其中将道路划分为两个级别：主路 3 m，保证消防安全；支路 1.5 ~ 2 m，满足游人的游览、活动需求。交通道路结合场地、主要入口、次要路口、停车场等内容，在划分空间的同时，还形成了良好的形式感（图 7-8）。

景观结构图能够将场地的主轴和次轴划分开，使场地的层次更加分明，结构清晰，与功能分区和道路系统相配合，重点表现不同区域景观设计的要素、风格、空间感受等（图 7-9）。

点评：现状分析、功能分区、交通分析、景点结构是方案设计的基本分析图纸，这四类分析图彼此紧密联系、相互影响，同时，不同的分析图侧重点有所不同。应主要把握分析重点，在图纸上清晰、简练地表现相关内容。

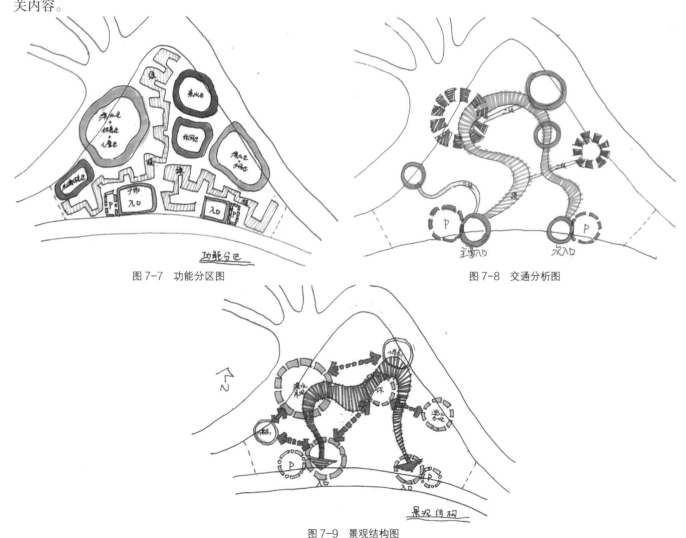

图 7-7　功能分区图　　　　　　　　　　图 7-8　交通分析图

图 7-9　景观结构图

■ 平面图

在分析的基础上生成方案，可以使整个快题设计的逻辑性增强。方案设计的第一步是场地总体设计的把握。

——首先，在交通流线的分析基础上，结合现状，按照比例尺度要求，确定道路系统，它将是场地设计的骨架；

——其次，在功能分区的基础上深化不同区域的活动内容，注意整体活动场地的疏密分布以及活动场地的面积大小；

——最后，在景点布置的基础上，结合功能定位，进一步细化场地内的活动设施、植物、铺装、小路等。自此过程中，要时刻注意整体构图、空间布局以及设计主题的把握，以免在深化的过程中局部破坏整体（图7-10、图7-11）。

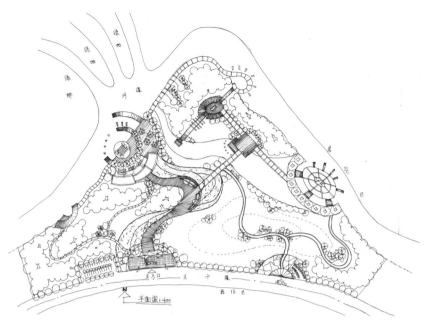

图7-10　方案设计平面图第一稿

方案墨线稿确定之后，色彩表现是关键的一步。首先，整体色彩风格的选择可以与方案设计的主题相呼应，以更好地展现整个快题设计的效果；其次，草地和树木的表现通常在景观设计类快题设计考试中占绝大部分的画面，广场、建筑小品、水景等通常是辅助的表现部分，所以草地与树木表现的色调控制是至关重要的，同时要注意阴影的绘制，它是增加画面层次感的关键；最后，图纸画面中留白是很关键的，一方面能够衬托其他表现要素，同时形成对比效果，使画面整体表现力加强；一些点缀性的表现要素可以适当选择一些色彩跳跃性较强的颜色，使整个画面更加丰富，但要注意不可过多。

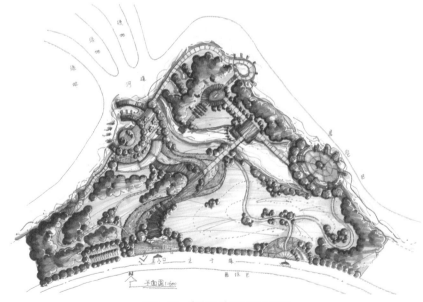

图7-11　方案设计平面图完成稿

点评：该方案设计的平面图较为成熟，颜色明亮活泼，与场地特性对应，构图形式流畅，空间划分合理。场地方案的形成是根据现状和主题形成的，合理的主题为方案设计增添趣味性，在充分考虑现状和需求的基础上，形成结构清晰、活动丰富的休闲空间。

方案平面图的色彩表现基本达到要求，整体颜色轻快活泼，让人眼前一亮。

⑤ 详图绘制（图 7-12 ~ 图 7-14）

点评：剖面图、效果图与方案设计相符，能够真实地反映方案的详细设计内容。图纸表现一般，剖面图不够细致，可绘制 1：200 比例的立面图，能够更清楚地表现设计的要素。

图 7-12　剖面图 1-1

图 7-13　效果图 1

图 7-14　效果图 2

（3）成果分析

本方案设计主题鲜明，将绿地与城市河道紧密结合，较好地理解了设计要求的关键点。方案形式感较强，路线流畅，空间布局合理，功能丰富。方案的景观设计很好地将场地特点运用到设计之中，以水车这一南方特色形象的抽象表现形式来形成场地的构图，将水带的柔美与水车的主题相呼应，使方案本身具有较好的创造性。

整个方案的快题设计思路很清晰，从分析问题、方案构思，再到现状、功能和景点的组织，最后生成方案设计平面，逻辑性较强。

剖面图与效果图准确表达了设计意图，但线条表现与色彩表现不突出。

方案设计的图纸排版清晰规整，基本达到设计要求中提到的相关图纸绘制要求（图 7-15、图 7-16）。

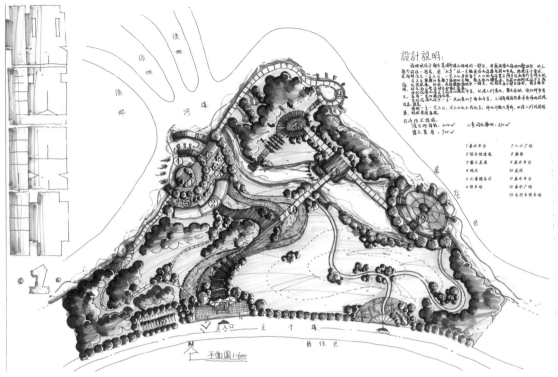

图 7-15　城市滨水绿地快题设计图纸 1

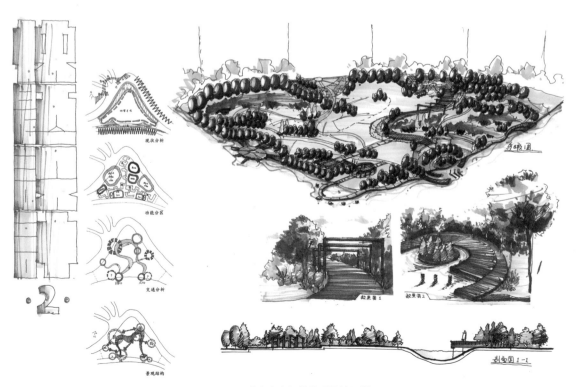

图 7-16　城市滨水绿地快题设计图纸 2

7.1.2　校园规划与设计

（1）真题原文

北京林业大学2005年硕士研究生入学考试园林设计试题——校园规划与设计

中国华北地区电影艺术高校校园需要根据学校的发展进行改造。校园南临事业单位，北接教师居住小区，东、西两侧为城市道路。校园内部分区明确，南部为生活区，北部为教学区，主楼位于校园中部，其西侧为主出入口（详见总平面图），校园建筑均为现代风格。随着学校的发展，人口激增，新建筑不断增加，用地日趋紧张，户外环境的改造和重建已成为校园建设的重要问题。当前，校园户外环境建设急需解决以下两方面的问题。

校园景观环境无特色。既没有体现出高校所应有的文化气氛，更无艺术院校的气质。

未能提供良好的户外休闲活动和学习交流空间。该校校园绿地集中布置于主楼南北两侧，是其外部空间的主要特征。由于没有停留场所，师生对绿地的体味基本上是"围观"或"践路"两种方式，因此需要对校园内的外部空间进行重新的功能整合和界定，以满足使用要求并形成亲人的外部空间体系。

设计要求如下。

①户外空间概念性规划图：根据你的设想，以分析图的方式，完成校园户外空间的概念性规划，并结合文字，概述不同空间的功能及所应具有的空间特色和氛围，文字叙述在规划中对树种选择的设想。图纸比例1：1500。

②心区设计图：在户外空间概念性规划的基础上，完成校园中心区设计。校园中心区是指以西出入口内广场、行政楼中庭和主楼南部绿地为核心的区域（如图，灰色方框内），设计中应充分体现其校园文化特征，并满足多功能使用要求。图纸比例1：600。

③中心区效果图：请在一张图符为A3的图纸上完成效果图2张，鸟瞰或局部透视均可。

注：校园内路网可根据需求调整。主楼北侧绿地地下已规划地下停车场，地面不考虑停车需求。第二页和第三页为规划设计底图（图7-17、图7-18），概念性规划和中心区设计图可直接在第二、第三页上完成，也可用自带纸。所有图纸纸张类型不限，图幅为A3。

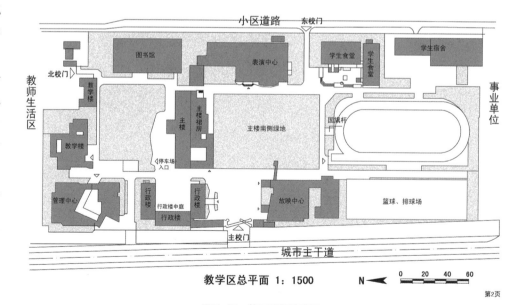

教学区总平面 1：1500

图7-17　第二页设计底图

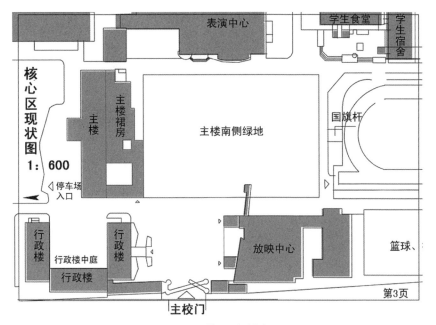

图 7-18　第三页设计底图

（2）考题详解

① 设计思路生成

用"基础解题"与"深度挖掘"两种方法反复读题，根据给出条件进行发散式思维的设计思考，能够最大限度地完成设计目标。

② 基础解题

第一遍读题时，可以用两种方式来辅助思考：用彩笔在试题上醒目地划出重点词，以便于得出场所主要信息；在草纸上，以逻辑推理的方式，整理重点词语，联想必要设计元素，找到最佳设计结构。下面用这种方式来分析试题（图 7-19、图 7-20）。

中国华北地区电影艺术高校校园需要根据学校的发展进行改造。校园南临事业单位，北接教师居住小区，东、西两侧为城市道路。校园内部分区明确，南部为生活区，北部为教学区，主楼位于校园中部，其西侧为主出入口（详见总平面图），校园建筑均为现代风格。随着学校的发展，人口激增，新建筑不断增加，用地日趋紧张，户外环境的改造和重建已成为校园建设的重要问题。当前，校园户外环境建设急需解决两方面的问题：

① 校园景观环境无特色。既没有体现出高校所应有的文化气氛，更无艺术院校的气质。

② 未能提供良好的户外休闲活动和学习交流空间。该校校园绿地集中布置于主楼南北两侧，是其外部空间的主要特征。由于没有停留场所，师生对绿地的体味基本上是"围观"或"践踏"两种方式，因此需要对校园内的外部空间进行重新的功能整合和界定，以满足使用要求并形成亲人的外部空间体系。

图 7-19　读题，提取关键词

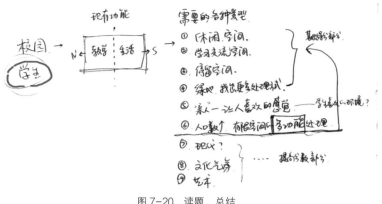

图 7-20　读题，总结

第一句话指明了设计类型是校园改造，而非公园、广场、小区等类型。那么在设计时必须要时刻为学生、学习生活等校园因素着想，围绕学校主题来做；

第二句指出设计范围。因而设计内容必须覆盖整个设计范围，不可出现在设计范围下自己再次圈地而做、留下一片空白区的现象，同时一般不要超出设计范围（只有在设计思路相当清晰完备、能为周围设计提出更好建议时，可以很少量地超出设计范围，但只能作为粗放建设思路来表达想法）；

第三句话解释了设计范围内部功能分布明确，并指出学校具有现代风格。因此，设计应在内部功能已明确的基础上进一步细化，使功能进一步明确和清晰，不能设计完成之后让人有功能更加混乱，还不如不设计的感觉；

第四句交代学校改造的原因是人数激增。然后，试题的直接要求出现，可提炼为：一、学校文化气氛、艺术特色；二、户外休闲活动、学习交流空间、建设停留场所、使绿地使用方式多样化。

通过以上的步骤可以把握到以下考点：

■ 为"学生"服务、创造"休闲"、"学习交流"、"停留"空间，是必不可少的点题内容，是设计达标的基础；

■ "亲人"、"现代"、"文化"、"艺术"这些相对较虚的辞藻，则是阅卷人衡量不同考生设计水准的内容，即为考卷提分的方向；

■ 在设计结构层面，由于整个校园改造的原因是"人口激增、用地紧张"，那么在"有限空间尽可能使功能多样化"是一个很好的解决措施，把各种学生需求的空间类型贯穿起来，并做到功能清晰、空间不拥挤，便可成为高分考卷。

③ 深度挖掘

深度解题可以放在读图纸要求之前。这是由于第一遍读题时已经形成了一些思绪、找到了一些"感觉"，这时进一步挖掘"潜台词"，进行思考、提问、解答，可以加强对场所的了解、强化设计"感觉"、明确个人设计特质（图 7-21）。

"华北地区"，暗示了温度、气候、树种选择；"电影"，提供了对景观做艺术处理的方向，如画面、动态、声音、光效等；"高校"，说明学生年龄大约在二、三十岁之间，是充满能量和梦想的阶段；"发展"，不仅设计现在所需，是否可为将来再发展做出准备。

"事业单位"，与校园无关，可选择用植物隔离边界。"教师居住区"，与校园关系密切，但居住需要安静环境，可用植物隔离学生活动区，并设计快速进入教学区的通道；"城市道路"包含了车辆、人群进出学校的交通点，

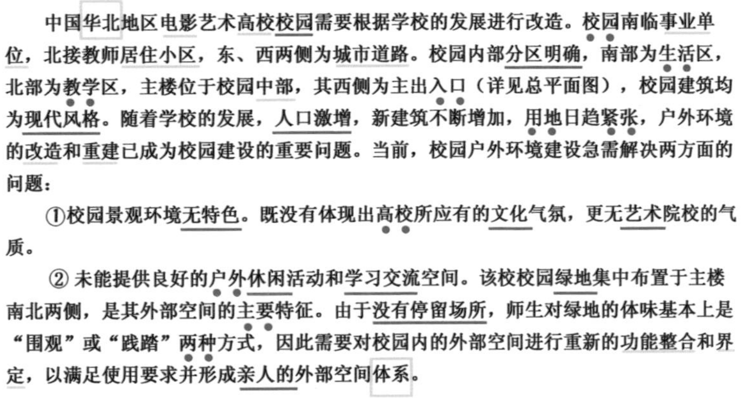

中国华北地区电影艺术高校校园需要根据学校的发展进行改造。校园南临事业单位，北接教师居住小区，东、西两侧为城市道路。校园内部分区明确，南部为生活区，北部为教学区，主楼位于校园中部，其西侧为主出入口（详见总平面图），校园建筑均为现代风格。随着学校的发展，人口激增，新建筑不断增加，用地日趋紧张，户外环境的改造和重建已成为校园建设的重要问题。当前，校园户外环境建设急需解决两方面的问题：

①校园景观环境无特色。既没有体现出高校所应有的文化气氛，更无艺术院校的气质。

②未能提供良好的户外休闲活动和学习交流空间。该校校园绿地集中布置于主楼南北两侧，是其外部空间的主要特征。由于没有停留场所，师生对绿地的体味基本上是"围观"或"践踏"两种方式，因此需要对校园内的外部空间进行重新的功能整合和界定，以满足使用要求并形成亲人的外部空间体系。

图 7-21 深度挖掘

同时也是城市与学校融合与隔离、看与被看的边缘。可采用开敞、封闭、混合处理的多种手法：隔离有安全保护、校园学习气氛内聚的作用；开敞有出行方便的自由感、也可向城市展示校园风貌。因此在学校与城市道理的较长边界上，采取隔离与开敞的混合处理方式，按照现状条件具体分析哪里需要隔离或开敞。

"建筑风格现代"，可扩展至整个场地，增加校园气氛的集体感。尤其是室外硬质设施的形式处理方面，与建筑风格相统一，能够加强室外空间的舒适感。

"改造"，需要保留原有优秀的设施；"重建"，表示拆除一切阻碍发展的现状设施；"文化气氛"，包括个人学习气氛、社团活动气氛等；"休闲活动"，有散步、交谈等，动作的可能性有走、跑、坐、卧等；"学习交流"，有读、写、说等，可能设施有广场、桌椅、宣讲台等；"停留场所"，可能包括广场、座椅、遮阳 / 避雨设施；"绿地"使用的可能性包括看、穿行、坐、卧；"体系"，要求从整体着眼，使规划设计统一有序。

④ 解读任务书

解读任务书也应用分析设计背景的方式，逐一研究设计要求与备注，并在最终成图上完全反映出来。这里要求图纸只有 4 张，然而设计思想在配合更多的分析图的情况下，才能阐述的更加完整，因此通常情况下，尽量增加一些简单易画的小型分析图（图 7-22）。

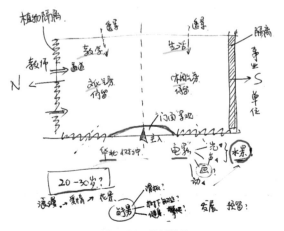

图 7-22 分析构思

（3）图纸绘制过程详解

① 现状分析图

根据读题时得到的信息，迅速用抽象图分析现状，一方面使自己进一步明确场地环境，帮助思考；另一方面向阅图者展示个人对场地结构的理解与把握。重点有三处：①边界特征；②入口位置；③场地内部结构（组团与轴线）(图 7-23)。

② 规划思路分析图

规划思路示意图是概念规划图的"一草"，用最简单和概括的布局表达整体结构，解释概念规划图的成因。

由于场地北部教学、南部学生生活，可把设计气氛定位"北静南动"，即北部景观以安静为特色，设计适宜读书学习的停留场所；中部核心景观对现状绿地进行改造，包括打破现状绿地的单调结构、创建主入口轴线上的"门面"景观等；南部结合现状运动风格设计室外运动场所。由于电影专类学校的特点，提炼"水、光、连、动"为整体规划主题，以不同的水体表达相应区域的空间气氛特征（图 7-24）。

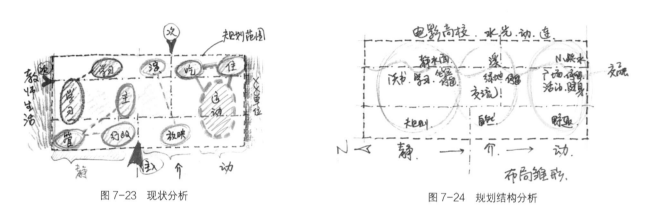

图 7-23　现状分析　　　　　　　　　　　图 7-24　规划结构分析

③ 规划概念图绘制过程

第一步，确定规划红线，标出各出入口，区分建筑、道路、园林景观以及其他用地类型（图 7-25）。

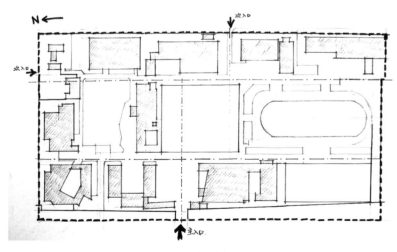

图 7-25　规划过程图一

第二步，绘制规划结构线（此图以最便捷的交通流向为依据），以"大色块"区分各种用地类型（包括现状用地和规划用地）（图7-26）。

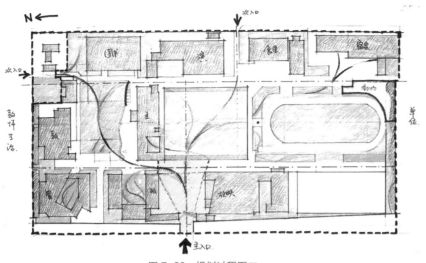

图7-26　规划过程图二

第三步，从整到分的进行下一级规划，区分出景观元素：林地、草坪、水体、道路、广场等。结合文字，说明规划布局（图7-27）。

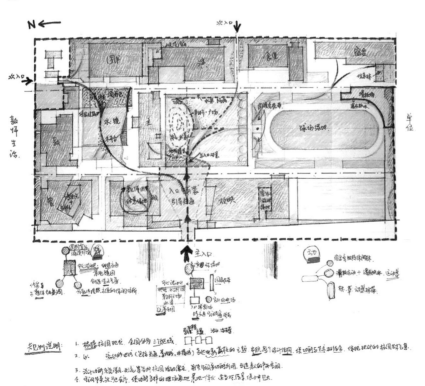

图7-27　规划过程图三

137

规划包括以下内容。

■ 入口处理：主入口——以铺装广场引导景观空间与交通，在中心区的相应边缘设计对景线；两个次入口——铺装与绿化带一起引导景观视线。

■ 边界处理：东西边界均与城市道路相连，设计多层次的优美植物景观，进行疏密有序的组织；北边界以树阵隔离学校与教师宿舍，设计林下快速通道方便教师进入学校；南边界以树阵结合绿篱隔离事业单位。

■ 内部结构：规划分为"北—中—南"三个区域，以流动的曲线串联场地整体，空间节奏张弛有序。

由于快速设计的限制，规划文字必须要缩减、不可细数设计内容，因此需要概括地点题、甚至变相重现设计要求。另外，考虑到阅图人的审图速度，不可能仔细查看文字，因此用彩笔勾出重点词语，可形成积极的印象。

④ 中心区设计结构分析

虽然此图非设计要求图纸，然而相比中心区平面图，设计结构图能够更多地避免形式上的干扰，明确阐述设计思路，因此能增加逻辑感，也是阅图人最感兴趣的"加分图"（图 7-28）。

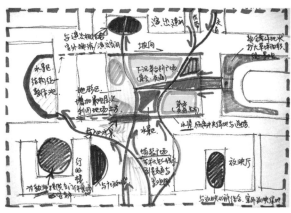

图 7-28　中心区景观结构图

⑤ 中心区设计平面图

第一步根据设计布局，美化铅笔线条，绘制墨线图稿（图 7-29）。

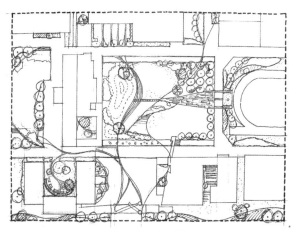

图 7-29　中心区景观平面图一

第二步以"大色块"区分景观类型：绿地与水体。色彩绘图规律为：先涂大面积，最终小细节；先定主调简单色，其他色彩随绘图深入再逐渐添加（图7-30）。

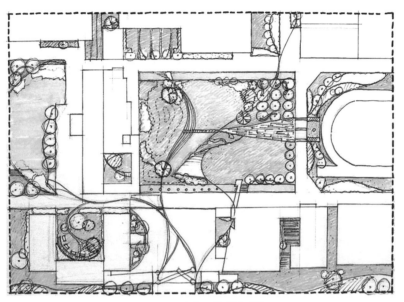

图7-30　中心区景观平面图二

第三步，细化景观类型：在绿地内，区分草坪、林地、绿篱、花带；在道路铺装上，区分校园主路、铺装广场、木质道路。通常对同一类型用地的色彩处理为同色系，目的是保持图面色调统一，避免出现色彩控制不住而花乱的现象（图7-31）。

图7-31　中心区景观平面图三

第四步，完善细节、丰富景观效果，配合设计说明概述设计主旨（图7-32、图7-33）

■ 在概念规划图的基础上，根据整体、艺术、功能合理的要求，细化景观空间，力求全方位满足设计要求。

■ 设计一体化，一方面使功能清晰、逻辑，另一方面建立叙事的、电影场景转换的景观效果，以水景（光景）表现电影感。

■ 设计功能均结合周边建筑特色。设计水景、广场、草坪、树阵、小丘、木平台等景观元素，满足集会、演出、放映、竞技、休闲、交流、独处等使用需求；场地气氛有静有动，满足年轻人室外活动的多种需求。

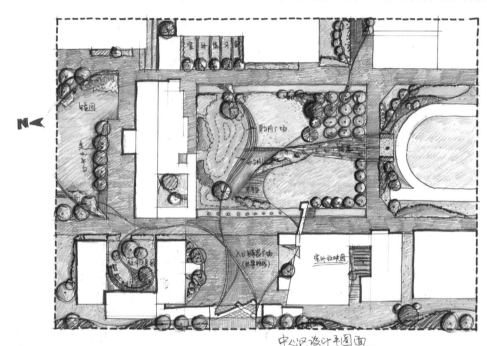

图 7-32　中心区景观平面图四

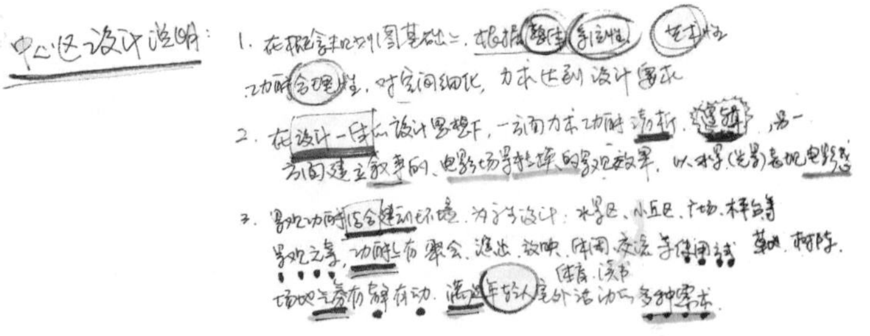

图 7-33　中心区景观设计说明

⑥ 中心区南北中轴线剖面示意图

草台阶下沉广场与水体的原有土方，堆移北边形成小丘地形，增加了场地南北轴线与主入口轴线（东西方向）的景观层次。此剖面是从主入口处看向中心区南北中轴线的示意图（图7-34）。

⑦ 中心区鸟瞰图（图7-35）

⑧ 中心区水景效果图（图7-36）

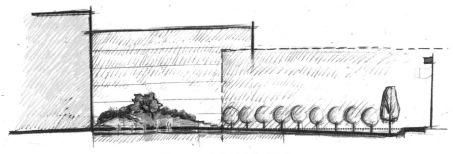

图 7-34　中心区景观剖面图

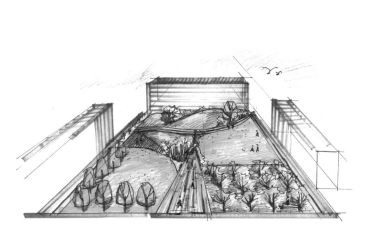

图 7-35　从国旗的方向鸟瞰中心区

图 7-36　中心区水景效果图

（4）成图布局（图 7-37 至图 7-39）

最后按照设计要求在 A3 绘图纸上布局。重点有三：①排图的顺序需要展示设计的整个过程，此设计中依次是现状分析、布局设想、总体规划、中心区功能设想、中心区平面图、剖面、效果图；②每张图纸上应具有同一主题，如第一张图纸排布整体规划内容，第二张安排中心区设计的相关内容，第三张排版效果图；③排版细节：题目字体应简单、低调，使阅图人的视线集中于设计内容；标清图名、指北针、比例尺。

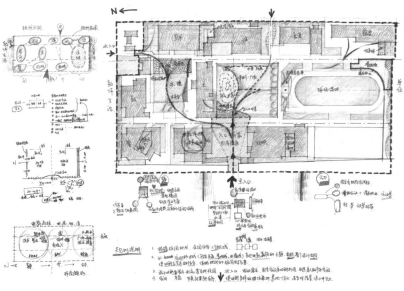

图 7-37　成图一

电影艺校景观设计

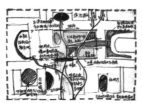

中心区景观功能图

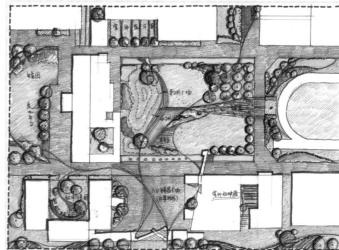

中心区景观平面图 1:600

中心区设计说明：

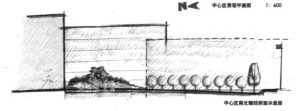

中心区南北轴线剖面示意图

图 7-38 成图二

电影艺校景观设计

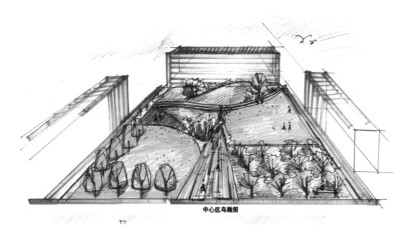

中心区鸟瞰图

核心区水景效果图

中心区水景效果图

图 7-39 成图三

（5）检查图纸

■ 核对设计要求：及时补充缺漏内容。例如通过检查发现以上设计中漏掉了对规划树种的选用，需在相应图纸文字部分补充。

■ 检查图面：图名、指北针、比例尺是否缺漏；擦掉影响视觉的铅笔线等。

7.2 重点高校硕士研究生入学考试真题及实例分析

7.2.1 试卷一

（1）任务书

翠湖公园设计

一、项目简介

某城市小型公园——翠湖公园位于120 m×86 m的长方形地块上，占地面积10320 m²，其东西两侧分别为居住区——翠湖小区A区和B区，A、B两区各有栅栏墙围合，但A、B两区各有一个行人出入口与公园相通。该园南临翠湖，北依人民路，并与商业区隔街相望。该公园现状地形为平地，其标高47.0 m，人民路路面标高为46.6 m，翠湖常水位标高为46.0 m（图7-40）。

二、设计目标

将翠湖公园设计成现代风格的、开放型城市公园。

三、公园主要内容及要求

现代风格小卖部1个（面积18～20 m²）；露天茶座1个（面积50～70 m²）；喷泉水池1个（面积30～60 m²）；雕塑1～2个；厕所1个（面积16～20 m²）；休憩广场2～3个（总面积300～500 m²）；主路宽4 m；次路宽2 m；小径宽0.8～1 m；园林植物选择考生所在地常用种类。

四、图纸内容及时间要求（表现技法不限）

① 现状分析图 1∶500

② 平面图 1∶200（图幅大小为1号图）

③ 时间为3小时

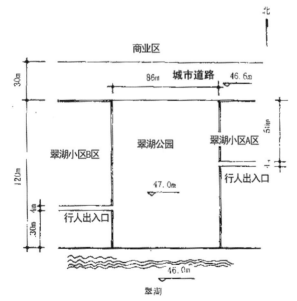

图7-40　翠湖公园场地现状图

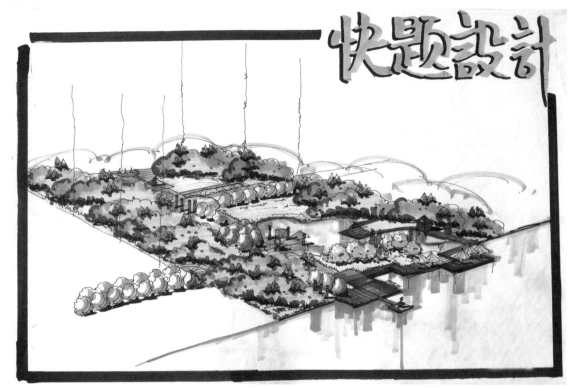

快题设计

设计说明.

本设计注重层次序感和丰富性. 由入口至滨水娱乐区为一条景观轴. 利用雕塑引领视线方向. 场地北侧为商业区, 因此主入口在北侧. 场区内拥有密林种植区和疏林草地区. 滨水区域设置露天茶座, 供人们休闲娱乐.

图例	名称	特点
	行道树	树形优美
	桧柏	常绿乔木
	银杏	颜色美观
	玉兰	颜色美观
	小灌木	造型多变
	小叶黄杨	造型多变

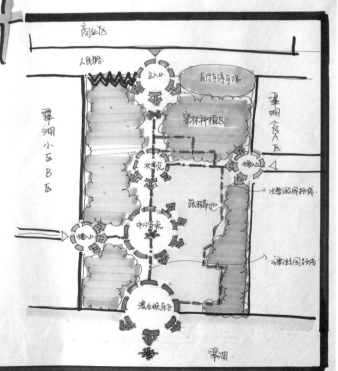

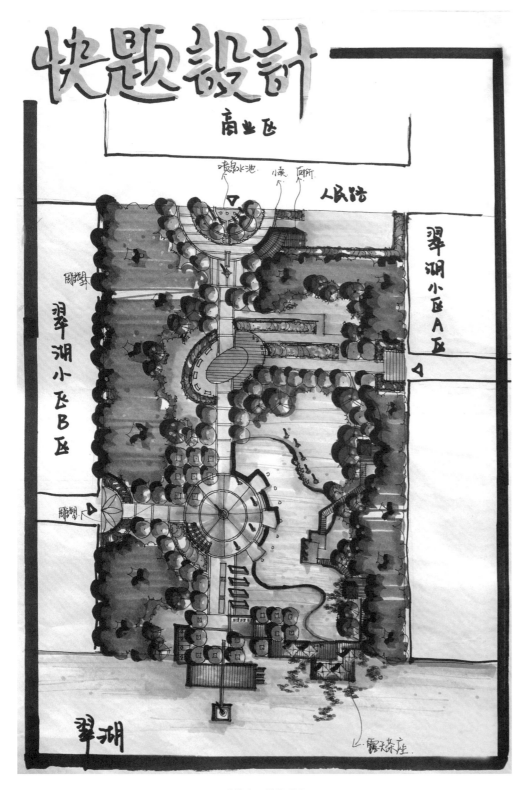

快题設計

商业区

喷泉水池 休息 厕所

人民路

翠湖小区A区

翠湖小区B区

雕塑

雕塑

翠湖

露天茶座

（作者：魏海琪）

实例分析

本方案设计手法灵活而统一，通过一条贯通南北的轴线及轴线上的四个节点组织空间、控制整个场地，巧妙地引导了从外围的道路空间趋近水域空间的序列变化。起于水而终于水的设计首尾呼应，将水引入园内的设计较为巧妙地打破了相对呆板的驳岸线，不仅丰富了园内的景观效果，更使得设计后的驳岸线变化丰富，宜于亲水体验。但轴线与周围的环境稍有脱节，缺少呼应。

园内空间具有疏密变化，种植设计较为完善，花卉应用较丰富，尤其是水生植物的应用很好地丰富了水面景观效果。如能在自行车停车位进行相应的遮阴设计则更为理想。

图纸以马克笔表达出强烈的视觉效果，风格突出。

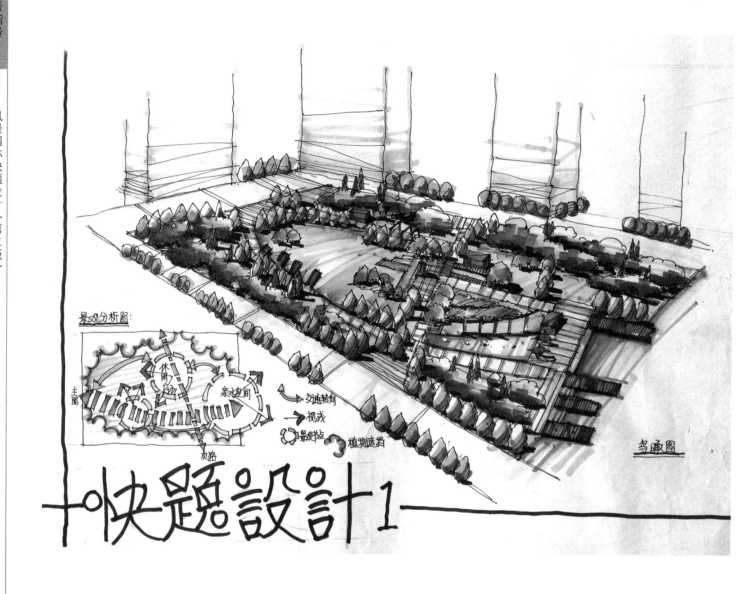

景观分析图:

主路

休闲区

亲水空间

次路

交通转向
视线
景观节点
植物遮挡

鸟瞰图

十快题設計1─

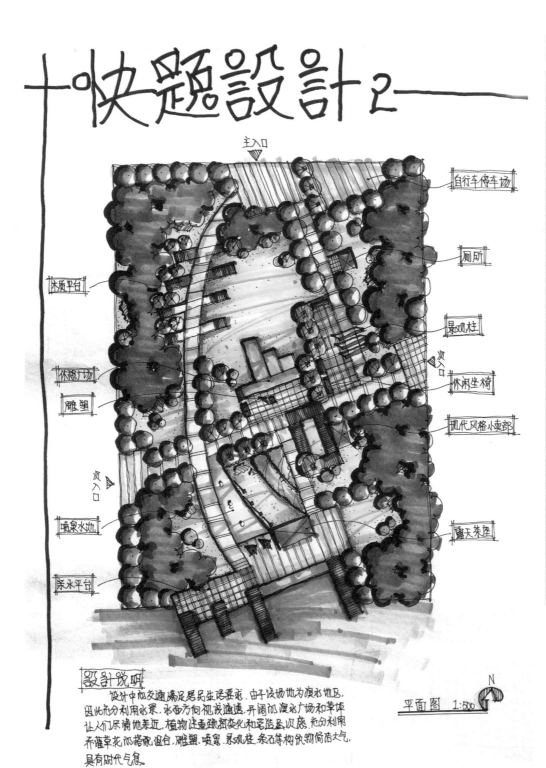

十快題設計2——

主入口

自行车停车场

厕所

景观柱

休闲坐椅

现代风格小卖部

露天茶座

林质平台

休憩广场

雕塑

喷泉水池

亲水平台

次入口

次入口

设计说明

　设计中加友通满足居民生活要求. 由于该场地为滨水地区.
因此充分利用水景, 水面方向视线通透. 开阔的滨水广场和草坪
让人们尽情地亲近. 植物注重季相变化和疏密层次感. 充分利用
开谢草花加搭配组合. 雕塑, 喷泉, 景观柱, 条石等构筑物简洁大气.
具有时代气息.

平面图 1:500

N

（作者：邓冰婵）

实例分析

　　本方案设计形式结构变化丰富，重点突出，较具个性。两个主要广场的位置及尺度合宜，能较好地满足使用需求。游线设计较为丰富，具有一定的向湖面发展的导向性。空间设计具有开合疏密、节奏变化，场地与周围环境的穿插关系紧密。驳岸设计宜于亲水，但形式有些单一。

　　园内种植设计较为理想，花卉应用合宜，但种植形式较为单一。

　　图纸以马克笔表现为主，笔法硬朗，整体效果统一而强烈。

7.2.2 试卷二

（1）任务书

艺术学院建筑庭园设计

一、项目简介

某大学艺术学院位于校园西北角，树木茂密，环境优美。艺术学院建筑占地约 $18000\ m^2$，三层，立面为混凝土墙面、玻璃和木条遮阳板。建筑风格简洁现代。

艺术学院建筑包含教室、办公室、管理室、图书室、研究室、会议室、报告厅、展览厅和小卖部等，平面布局灵活多变，空间自由开放，随处布置休息空间，成为学院师生交往聚会的重要场所。

建筑核心是三个庭园，其中西部和中部的两个庭园可以进入，东部面积较小，除平时管理外，不能进入。在建筑内部的主要位置都能欣赏到庭园的景色（图7-41）。

二、主要内容及要求

建筑的三个庭园均需设计，要充分考虑从建筑内部欣赏庭园的视觉效果，西部和中部的两个庭园要考虑使用功能，将其打造为良好的交流和休息的场所。

三、图纸内容及时间要求（表现技法不限）

① 现状分析图 1：500

② 平面图 1：200（图幅大小为1号图）

③ 设计说明 300 ~ 500 字（包含植物配置相关内容）

④ 时间为 4 小时

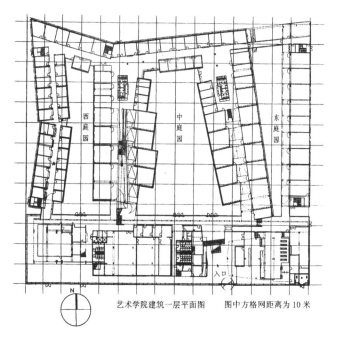

西庭园　　中庭园　　东庭园

N

艺术学院建筑一层平面图　　图中方格网距离为10米

图7-41　艺术学院建筑一层平面图

（2）实例

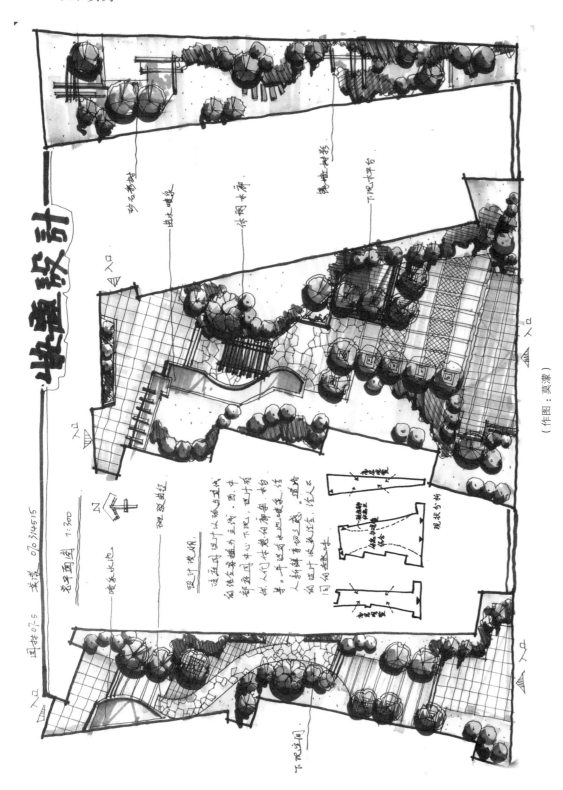

（作图：莫漾）

这一快题设计案例的整体排版效果较好，加之马克笔明暗层次的突出表现，能够很好地抓住看图者注意力，并留下较深印象。

方案考虑到了中心庭园的活动人流量较大，与东西两侧庭园设计有较大不同，这一点很好地捕捉到了题目的设计要求。但是，方案缺少整体感，忽略了从建筑内部观赏庭园的视觉效果。图纸表现以马克笔为主，整体风格较为突出。

实例分析

7.2.3 试卷三

（1）任务书

展览花园设计

一、项目简介

2007 年中国国际园艺花卉展览会在中国某城市的约 70 hm² 的岛上举办，国内外各地的展览花园是这届博览会的重要组成部分。位于岛中部约 3700 m² 的地块是考生设计展览花园的位置（图 7-42、图 7-43）。

二、主要内容及要求

考生设计的小花园是考生所在城市举办的园艺花卉博览会建造的展览花园，第一，要反映所在城市的印象，但不能通过建造微缩景物来达到此目的；第二，小花园是一个具有简明而丰富的空间变化的花园；第三，小花园是一个让人们去体验的花园。

三、图纸内容及时间要求

① 平面图 1∶300，表现形式不限，植物只表达类型，不标种类。

② 剖面图 1∶300，1 个，表现形式不限。

③ 鸟瞰图，1 张，表现形式不限。

④ 以上成果都画在若干张 A3 白色复印纸上。

⑤ 时间为 3 小时。

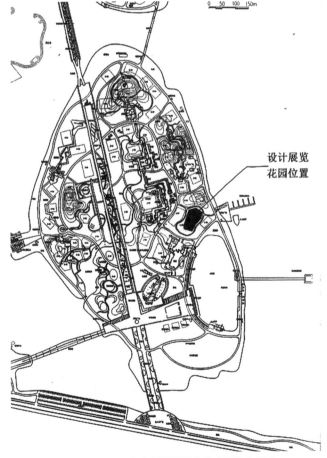

图 7-43 2007 年中国国际园艺花卉博览会总图

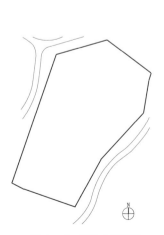

图 7-42 展览花园底图

（2）实例

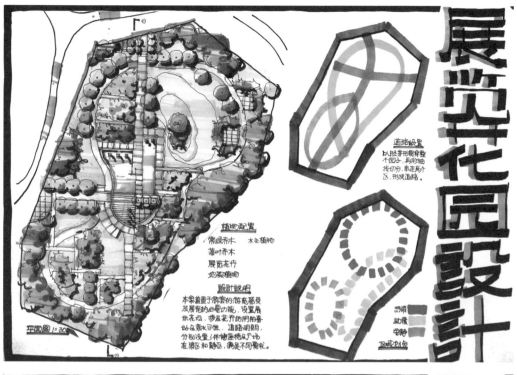

实例分析

马克笔浓艳的表现效果很好地衬托了花园展的设计主题。通过丰富的色彩与线条的绘制，表达了花园展中的植物要素。

方案的空间变化较呆板，并没有突出"体验"花园展的特征。空间布局过于均衡，缺少动势，并不适合体验式的花园设计。鸟瞰图的表现过于孤立，缺少周边环境的衬托，表达不清。

（作图：杜静涵）

7.2.4 试卷四

（1）任务书

某公园设计

一、项目简介

公园位于北京城市区域，北为南环路，南为太平路、东为塔院路，面积约 3.2 hm²。用地东南西面均为居住区，北侧为居住与商业混合建筑群。公园用地平坦，基址上无植物（图 7-44）。

二、主要内容及要求

公园是周围居民休闲、活动、聚会、赏景的场所，是开放型的公园，无围墙或售票设施。在南环路、太平路和塔院路上可设置多个出入口，并布置总数为 20 ～ 25 个停车位。公园要建一栋一层游客中心建筑，建筑面积约为 300 m²，功能可有售卖、茶室、娱乐室、管理室、厕所等。

三、图纸内容及时间要求

① A1 图纸两张；

② 总平面（1：500，表现形式不限）；

③ 设计说明，500 字以内；

④ 鸟瞰图（表现形式不限）；

⑤ 时间 3 个小时。

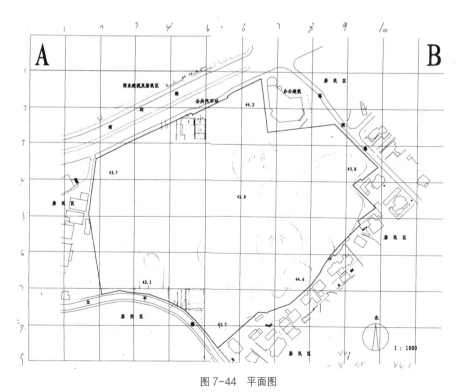

图 7-44　平面图

（2）实例

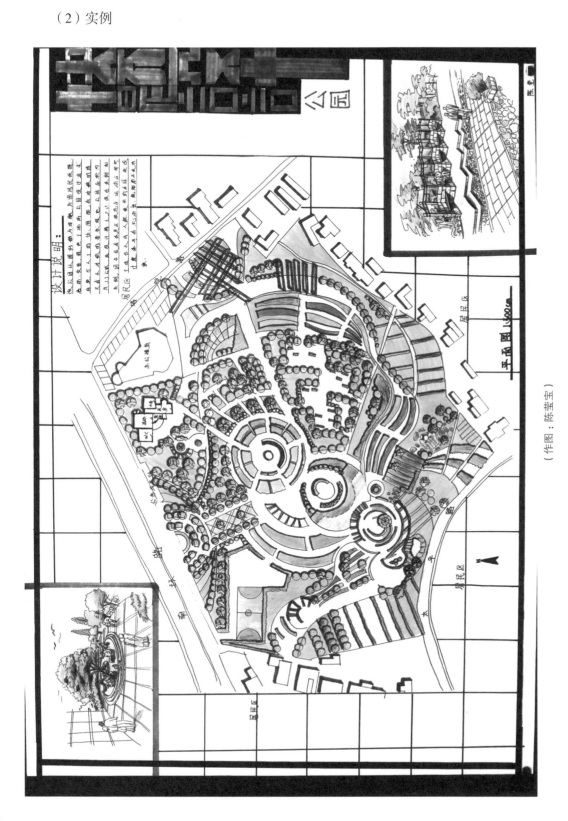

（作图：陈莹宝）

本设计方案的母题明确，以圆为基本形体进行变化组合，借以规划场地，产生了一定的形式感。方案的中心较明确，但设计过于拘泥于形式，装饰感过强，略显破碎、凌乱。效果图的表达过于简单、粗质，不能表达细部的精彩。

实例分析

7.2.5 试卷五

（1）任务书

城市街心游园设计

一、场地说明

本地块位于北京市昌平区，地块周边用地性质包括小学、居民区、商业区、医院、别墅区等，为改善居民生活环境、建设绿色城区，本地块拟改建为城市街心游园，为周围人群服务，用地范围内土地平整，无明显高差。

二、设计要求

① 满足日常休闲、娱乐、健身、观光、集会等基本游园功能。

② 设计中要体现出自然风景园的基本特点。

③ 设计一定面积的停车场。

三、图纸要求

① A1 图纸不少于 1 页。

② 版面自主设计。

③ 平面图 1∶500

④ 必要的分析图及文字说明。

⑤ 简要的植物说明。

⑥ 立面图、剖面图各不少于 1 张。

⑦ 鸟瞰图 1 幅、效果图不限。

四、时间要求

6 小时内完成设计及图纸表达。

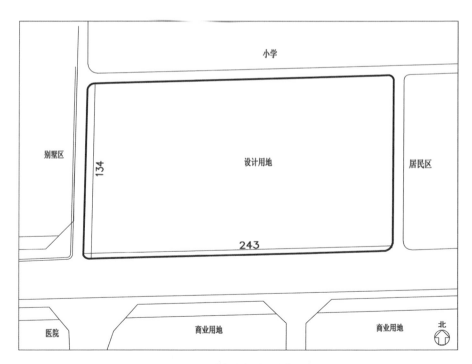

城市街心游园现状平面图

（2）实例1

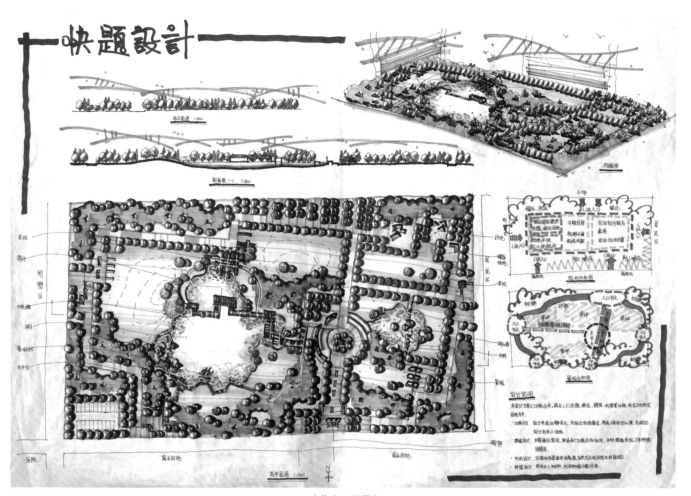

（作者：谢晨）

实例分析

　　本方案设计结构清晰、布局简练。开放性较强，通过轴线及周围一系列小场地的设定引导游览和方便周围居民的使用。几何形的应用较为新颖大胆，同时自然式的地形、水形及种植很好体现出自然风景园的风格样式。东西湖的设计及水面曲折栈道的设置颇具传统园林的韵味，西湖北侧缓坡山地的设计较为巧妙，不仅丰富园内地形的变化，增加了空间趣味性，也在一定程度上为大水面营造出相对独立而安静的空间氛围，符合背山面水的传统园林理念。但东西湖之间的联系较弱，且分隔距离过大。

　　种植设计较为完善，搭配较为合宜。

　　图纸以马克笔表现为主，用色简练，整体效果清新淡雅。

（3）实例2

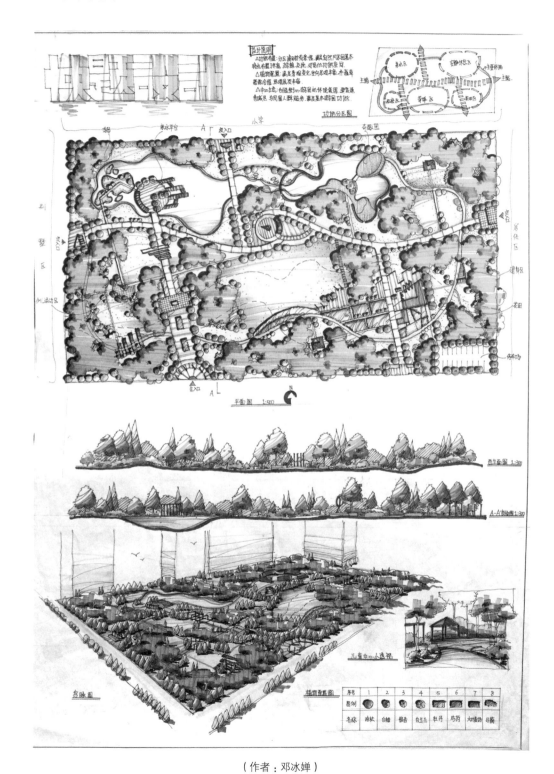

（作者：邓冰婵）

实例分析

　　本方案设计结构清晰、布局合理。手法灵活而统一，通过一条贯通东西的轴线及南北三条辅轴组织空间、控制整个场地。设计内容丰富、功能丰富，局部设计形式多变，设计较为详细且深入。水形设计较为自然美观，东西湖的设计丰富了水面的大小对比，只是西湖水面中设计的岛屿和广场体量过大，几乎占满了水面的一半以上，略显拥堵。

　　图纸以马克笔表现为主，用色简练，整体效果清新淡雅。

7.2.6 试卷六

（1）任务书

湖滨公园核心区景观设计

一、项目简介

华北地区某城市中心区有一面积约 60 hm² 的湖面，周围环以湖滨绿带。整个区域视线开阔，风景秀美。近期拟对某滨湖公园的核心区进行改造规划，该区位于湖面的南部，范围如图所示，面积约 6.8 hm²。核心区南临城市主干道，东西两侧与其他湖滨绿带相连，游人可沿道路进入，西南侧为公园主出入口。场地内部地形有一些变化（如图 7-45），一条为湖水的补水水渠自南部穿越，为湖体常年补水。场地内道路损坏严重，需要重建，植被长势较差，不需保留。

二、主要内容及要求

核心区用地性质为公园用地，应建设成为生态发展、景色优美、充满活力的户外公共空间，满足居民的日常休闲活动要求。该区域为开放式管理。

区域内绿地面积应大于陆地面积的 70%，园路及铺装场地面积控制在陆地面积的 8% ~ 18%。要求设计一处 300 m² 左右的茶室（室内面积不小于 160 m²）。

设计风格以及形式不限。设计应考虑该区域在空间尺度、形式特征上与开阔湖面的关联。地形、水体和道路均可以根据需要进行改造。湖体常水位高程 43.20 m，现状驳岸高程 43.7 m，引水渠常水位高程 46.60 m，水位基本恒定，渠水可引用。

为形成良好的植被景观，需要选择适应当地气候的植物。要求完成整个区域的种植规划，并有文字说明。

三、图纸内容及时间要求

① 3 张 A3 图纸，表现方式不限；

② 核心区总平面图，1 : 1000；

③ 分析图，不限比例；

④ 核心区效果图，1 张；

⑤ 茶室建筑平面图、立面图、效果图；

⑥ 时间 4 个小时。

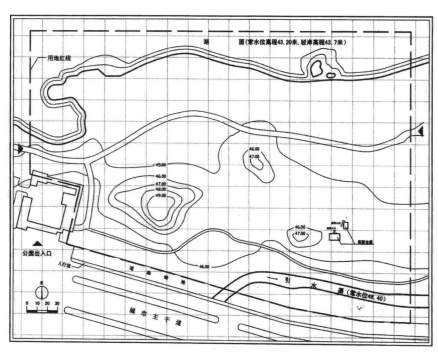

图 7-45 平面图

（2）实例

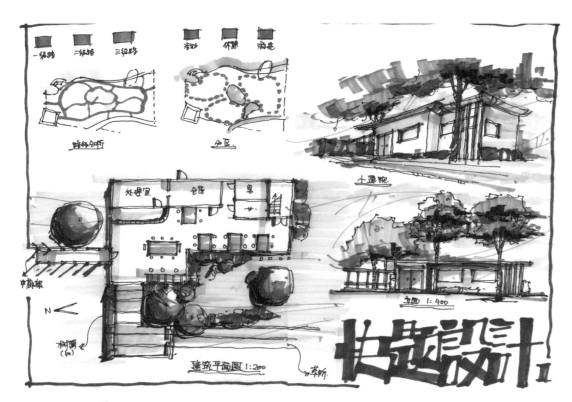

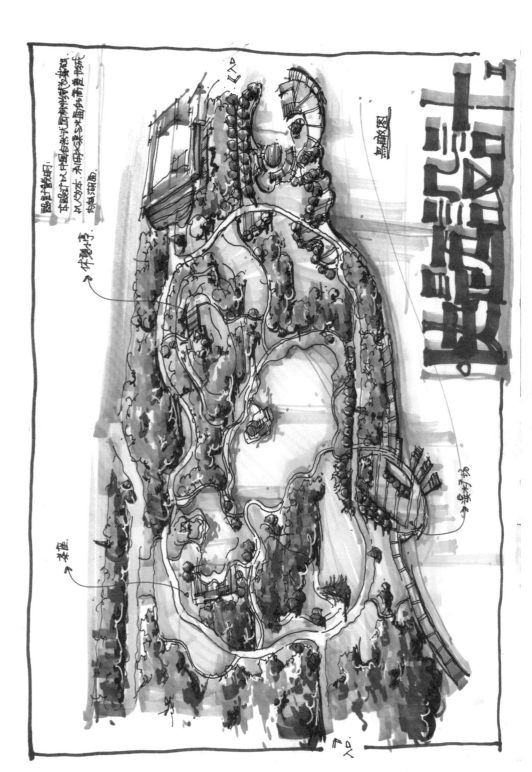

（作图：杜静涵）

实例分析

方案设计的整体风格与场地现状条件较契合。路网明确，一级道路与二级道路划分清晰，但道路与入口之间的衔接过渡不明确，入口广场处理欠佳。

对现状条件有较清晰的认识，充分利用滨水空间，并与公园内部场地很自然地联系在一起，形成紧凑的布局结构。

马克笔的运用较熟练，图纸表达的明暗关系与层次关系都很明确。但仍欠缺工整，略有凌乱之感。若在排版上能够以直线条收整，效果将更好。

7.2.7 试卷七

（1）任务书

高校庭园绿地设计

一、场地情况

本地块位于北京某高校中心区，是学校中心花园的备用地块。周围设有实验楼、教学楼、主楼、校医院、大学生活动中心、锅炉房，场地平整。

二、设计要求

将本地块设计成为服务于学校师生的中心花园，应满足休闲、娱乐、学习、小型集会等日常需求，风格不限。现有南北向道路可以依据设计需求调整。

三、图纸内容

① 平面图 1：500

② 立面图或剖面图不少于 1 张

③ 效果图不少于 1 张

④ 分析图

⑤ 简要文字说明

四、图纸要求

A3 图纸不少于 2 页。

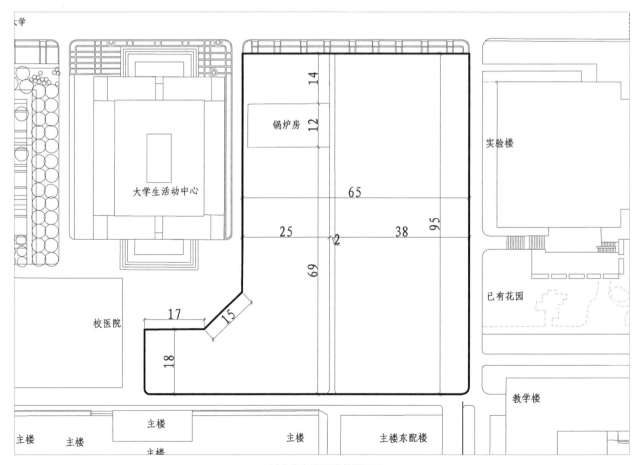

城市街心游园现状平面图

（2）实例

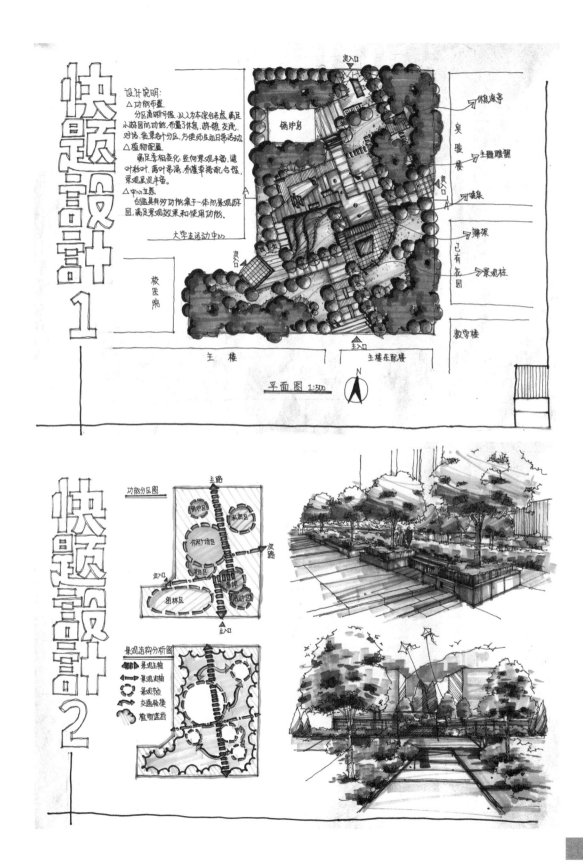

快题设计3

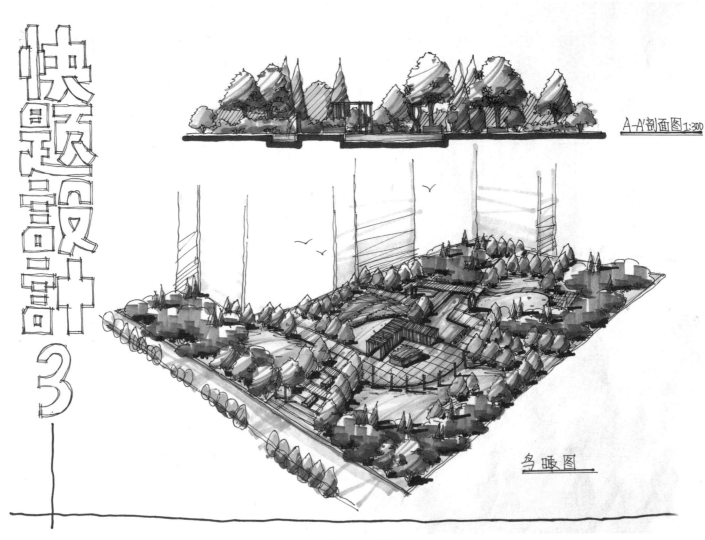

A-A'剖面图1:300

鸟瞰图

（作者：邓冰婵）

实例分析

　　本方案设计结构清晰、布局合理。场地定位合理明确，作为集中的活动场地，环境丰富、多样，空间明确，细节丰富。其中斜向穿行的空间曲折多变，极大地丰富了游览线路上的空间变化和视角转换，在狭小的空间内营造出丰富变化的景观空间。

　　图纸以马克笔表现为主，用色大胆，笔法硬朗，整体效果清新明快。